U0251662

魔芋资源
的开发与利用

MOYU ZIYUAN
DE KAIFA YU LIYONG

主　编　巩发永
副主编　肖诗明　李　静
参　编　林　巧　吴　兵　曲继鹏

四川大学出版社

责任编辑:王　平
责任校对:周　颖
封面设计:墨创文化
责任印制:王　炜

图书在版编目(CIP)数据

魔芋资源的开发与利用 / 巩发永主编. —成都:
四川大学出版社,2013.12
(西昌学院"质量工程"资助出版系列专著)
ISBN 978－7－5614－7479－2

Ⅰ.①魔… Ⅱ.①巩… Ⅲ.①芋－资源开发②芋－资
源利用 Ⅳ.①S632.3

中国版本图书馆 CIP 数据核字（2013）第 315592 号

书　名	**魔芋资源的开发与利用**	
主　编	巩发永	
出　版	四川大学出版社	
地　址	成都市一环路南一段24号 (610065)	
发　行	四川大学出版社	
书　号	ISBN 978－5－5614－7479－2	
印　刷	郫县犀浦印刷厂	
成品尺寸	170 mm×240 mm	
印　张	12.5	
字　数	253 千字	
版　次	2014 年 7 月第 1 版	◆ 读者邮购本书,请与本社发行科联系。
印　次	2015 年 12 月第 2 次印刷	电话:(028)85408408/(028)85401670/
定　价	25.00 元	(028)85408023　邮政编码:610065

◆ 本社图书如有印装质量问题,请
寄回出版社调换。

版权所有◆侵权必究

◆ 网址:http://www.scup.cn

总　序

　　为深入贯彻落实党中央和国务院关于高等教育要全面坚持科学发展观，切实把重点放在提高质量上的战略部署，经国务院批准，教育部和财政部于2007年1月正式启动"高等学校本科教学质量与教学改革工程"（简称"质量工程"）。2007年2月，教育部又出台了《关于进一步深化本科教学改革 全面提高教学质量的若干意见》。自此，中国高等教育拉开了"提高质量，办出特色"的序幕，从扩大规模正式向"适当控制招生增长的幅度，切实提高教学质量"的方向转变。这是继"211工程"和"985工程"之后，高等教育领域实施的又一重大工程。

　　在党的十八大精神的指引下，西昌学院在"质量工程"建设过程中，全面落实科学发展观，全面贯彻党的教育方针，全面推进素质教育；坚持"巩固、深化、提高、发展"的方针，遵循高等教育的基本规律，牢固树立人才培养是学校的根本任务，质量是学校的生命线，教学是学校的中心工作的理念；按照分类指导、注重特色的原则，推行"本科学历（学位）＋职业技能素养"的人才培养模式，加大教学投入，强化教学管理，深化教学改革，把提高应用型人才培养质量视为学校的永恒主题。学校先后实施了提高人才培养质量的"十四大举措"和"应用型人才培养质量提升计划20条"，确保本科人才培养质量。

　　通过7年的努力，学校"质量工程"建设取得了丰硕成果，已建成1个国家级特色专业，6个省级特色专业，2个省级教学示范中心，2个卓越工程师人才培养专业，3个省级高等教育"质量工程"专业综合改革建设项目，16门省级精品课程，2门省级精品资源共享课程，2个省级重点实验室，1个省级人文社会科学重点研究基地，2个省级实践教学建设项目，1个省级大学生校外农科教合作人才培养实践基地，4个省级优秀教学团队，等等。

　　为搭建"质量工程"建设项目交流和展示的良好平台，使之在更大范围内发挥作用，取得明显实效，促进青年教师尽快健康成长，建立一支高素质的教学科研队伍，提升学校教学科研整体水平，学校决定借建院十周年之机，利用

2013 年的"质量工程建设资金"资助实施"百书工程",即出版优秀教材 80 本,优秀专著 40 本。"百书工程"原则上支持和鼓励学校副高职称的在职教学和科研人员,以及成果极为突出的中级职称和获得博士学位的教师出版具有本土化、特色化、实用性、创新性的专著,结合"本科学历(学位)+职业技能素养人才培养模式"的实践成果,编写实验、实习、实训等实践类的教材。

在"百书工程"实施过程中,教师们积极响应,热情参与,踊跃申报:一大批青年教师更希望借此机会促进和提升自身的教学科研能力;一批教授甘于奉献,淡泊名利,精心指导青年教师;各二级学院、教务处、科技处、院学术委员会等部门的同志在选题、审稿、修改等方面做了大量的工作。北京理工大学出版社和四川大学出版社给予了大力支持。借此机会,向为实施"百书工程"付出艰辛劳动的广大教师、相关职能部门和出版社的同志等表示衷心的感谢!

我们衷心祝愿此次出版的教材和专著能为提升西昌学院整体办学实力增光添彩,更期待今后有更多、更好的代表学校教学科研实力和水平的佳作源源不断地问世,殷切希望同行专家提出宝贵的意见和建议,以利于西昌学院在新的起点上继续前进,为实现第三步发展战略目标而努力!

西昌学院校长　夏明忠
2013 年 6 月

前　言

　　魔芋又名蒟蒻，属于天南星科魔芋属多年生草本植物，也是唯一能大量提取葡甘聚糖的植物。魔芋葡甘聚糖是一种优良的膳食纤维，具有多种保健功能，在食品、医药及其他行业有着广泛的用途，因而引起国内外的重视。中国魔芋资源丰富，魔芋适生区域很广，特别适合秦岭以南广大山区种植。自 20 世纪 80 年代中期以来，魔芋产业已在我国逐渐形成并得到发展，为我国农业产业结构调整，以及山区农民脱贫致富做出了重要贡献。

　　本书重点介绍了我国魔芋栽培与加工现状、魔芋生长特性及栽培品种、魔芋栽培技术及病虫害防治、魔芋种芋贮藏及快繁技术、魔芋初加工、魔芋精粉加工、魔芋深加工和魔芋加工相关专利等内容，对从事魔芋种植与加工的基层农业科技人员、广大农民及高等院校从事魔芋研究的学者具有重要的参考价值。在本书编写过程中，编者参考了国内权威著作的内容，注重编写内容的实用性和可操作性，使初学者在阅读此书后获益匪浅。

　　本书编写分工如下：第一章、第四章至第八章以及附件部分由巩发永编写整理，第二章由肖诗明编写，第三章由李静编写，林巧、吴兵、曲继鹏等也参与了本书部分内容的编写和整理，全书由巩发永统稿。本书在编写过程中参考了大量的国内外著作和文章，四川农业大学的郐应龙教授也为本书的编写提供了诸多翔实的资料，在此一并表示衷心的感谢。由于编写人员的水平和经验有限，书中缺点在所难免，敬请读者批评指正。

编　者

2013 年 10 月

目　录

第一章 概 论

第一节 魔芋的应用价值与开发前景

魔芋（Konjac，日本又译为 Konnyaku），又名蒟蒻，属于天南星科（Arace-ae）魔芋属（*Amorphophallus* Blume ex Decne.）多年生草本植物。魔芋的经济部位是缩短膨大的地下块茎。其主要成分是碳水化合物和葡萄糖甘露聚糖（glu-comannan，简称 GM），还含有蛋白质和铁、钙、磷等矿物质，同时还含有多种维生素、生物碱、无机盐、草酸钙结晶、桦木酸、β-谷甾醇、豆甾醇、羽扇醇、蜂花烷、β-谷甾醇棕榈酸酯、葡萄糖、半乳糖、鼠李糖、木糖、胡萝卜素和抗坏血酸等。魔芋在我国四川、云南、贵州、湖南、湖北、广东、广西、福建、江西、河南、安徽、江苏、浙江、陕西、甘肃、台湾等省区均有种植。魔芋属植物全球约有 170 种，我国有魔芋属植物 20 种（其中 9 种为我国所特有）。但我国主要栽培其中的 2 种，即花魔芋（*Amorphophallus rivieri* or *Amorphophallus konjac* K. Koch）与白魔芋（*Amorphophallus albus* P. Y. Liu et J. F. Chen）。另有球茎肉质为黄色的统称为黄魔芋，主要包括西盟魔芋、勐海魔芋、田阳魔芋、攸乐魔芋、疣柄魔芋等几个自然种。

花魔芋分布最广，适应范围大，西至喜马拉雅山，东到日本，南到中南半岛，北至秦岭均有分布，但更适合纬度偏北且温暖、湿润、云雾多、海拔 800～2300 m 的山区，如陕西大巴山北麓山区、四川盆周山区、贵州山区、云南中部及东北部、鄂西山区及湖南山区等均为花魔芋的自然分布区和主栽地。白魔芋分布于金沙江河谷较干热和日照较强、海拔 600～1600 m 的地带，是我国特有的植物资源，由我国学者发现并命名。黄魔芋分布在滇南、滇东南及广西等热区，海拔 170～2200 m 的地带。

从魔芋球茎中分离得到的半透明、扁平的葡甘聚糖颗粒物统称为魔芋精粉（konjac flour）。18 世纪中叶至 19 世纪中叶，日本 Mito 氏发明了分离魔芋全粉的方法而加工出魔芋精粉，此方法的发明促进了魔芋栽培和魔芋食品的消费。

通常，魔芋收获其生长两三年的球茎。从截面结构上看，魔芋球茎由表皮层

和内部薄壁组织组成。其表皮层由纤维细胞组成，而内部薄壁组织主要由薄壁细胞与异细胞构成。薄壁细胞内含有少量天南星科植物特有的小型淀粉粒和针晶；异细胞呈圆形或椭圆形，几乎被一个半透明的魔芋葡甘聚糖（konjac glucomannan，KGM）粒子所充满。异细胞比薄壁细胞大 5～10 倍以上，直径达 200～600 μm，无规则地、均匀地分布于薄壁细胞中，周围被很多普通细胞包围形成牢固的网状结构。

成熟的鲜魔芋球茎含 70％～80％水分和 10％～30％葡甘聚糖，还含有少量的淀粉、蛋白质、纤维素、可溶性糖、生物碱、微量的脂肪、多种氨基酸、无机盐等。

我国栽培的花魔芋和白魔芋，其葡甘聚糖含量分别为 45％～55％、50％～60％（干基）。

一般说来，KGM 的分子量可达 10^6 数量级。这样高的分子量，一方面使其具有优良的增稠性、凝胶性；另一方面，却又使其应用范围受到了很大限制。

从白魔芋球茎中分离得到的魔芋粉质量较好，没有花魔芋特有的鱼腥味，其加工制品如魔芋块、魔芋丝等色白，弹性、韧性与口感均较好。总的看来，白魔芋原料的品质明显优于花魔芋。当然，魔芋粉的质量与许多因素有关，包括品种、产地、球茎质量与年龄、收获时间、收获至加工的时间、加工工艺等，这些过程可能影响到魔芋葡甘聚糖（KGM）含量与其分子结构。

在我国，农业部于 2002 年 2 月 1 日公布并实施了魔芋粉行业标准（NY/T 494—2002）。该标准按照商品魔芋粉粒度及纯度的差别将魔芋粉细分为四类，即普通魔芋精粉、纯化魔芋精粉、普通魔芋微粉、纯化魔芋微粉。

普通魔芋精粉是指以魔芋块茎（球茎）为原料，经切片（块、条）、干燥、粉碎、研磨、旋风分离、过筛等处理，基本除去淀粉等杂质后而得到的粉粒状产品。其主要加工程序是将干燥的魔芋片（块、条）输入一台速度较低的专用粉碎机和研磨机中进行粉碎与研磨，同时通过风选设备除去比重较轻的淀粉等杂质即可得到魔芋精粉。目前加工的魔芋精粉为扁平的半透明晶体状颗粒物，多数颗粒的大小为 150～420 μm，即在 40～80 目之间的颗粒占总重量的 90％以上。因粒度较大，所以其在室温和冷水中完全溶胀需要很长的时间，通常需要辅助加热或搅拌处理。这给魔芋精粉的使用，特别是用于生产线中的连续生产带来极大不便。因此，普通魔芋精粉的应用范围受到一定的限制。为了提高普通魔芋精粉的溶胀速度，可将其进一步粉碎成粒度≤125 μm（90％以上颗粒通过 120 目筛）的魔芋微粉（Pulverized Konjac Flour），其粒度分布通常在 120～250 目范围。

魔芋微粉是在 20 世纪中后期开发成功的。由于魔芋微粉具有溶胀速度快、透明度高、黏度高等特点，因而它存在着巨大的开发潜力。魔芋微粉的生产与应用，对推动魔芋加工由单一食品加工向日化、环保、印染、医药等领域发展起到了积极的作用。

普通魔芋微粉的 KGM 含量一般在 60％～85％范围内,其贮藏稳定性较差,KGM 分子量、黏度、凝胶强度会随贮藏时间延长而降低。因此,严格地说,普通魔芋微粉的产品质量是不稳定的。符合《美国食品化学品法典(FCC)》规格的魔芋粉必须经过乙醇水溶液的多次洗涤与提纯处理,以除去魔芋粉中天然存在的酶、淀粉、有色物质及异味物质。

魔芋粉是远东地区居民的一种传统健康食品配料,目前已向西方市场扩展。动物试验表明,魔芋葡甘聚糖的 NOEL 值为膳食量的 2.5％(konnyaku.com)。根据广泛的安全食用记录,美国食品药品监督管理局(FDA)确认了魔芋粉用作食品配料是一种公认安全(GRAS)的物质,美国农业部(USDA)也批准其可用于肉禽制品中。欧盟也已经批准魔芋粉可作为食品添加剂用于食品中(DIRECTIVE 98/72/EC)。《美国食品化学品法典(FCC)》第四版也颁布了相应的魔芋粉规格标准。

经过食用乙醇提纯处理的纯化魔芋微粉(Refined Pulverized Konjac Flour),KGM 含量达到 85％以上,贮藏稳定性也得到了改善,使用更加方便快捷,已广泛用于食品、医药、化工等领域。通常,纯化魔芋微粉被称为魔芋胶(konjac gum)或魔芋葡甘聚糖(konjac glucomannan)。

一、药用价值

在我国,魔芋药用具有悠久的历史。例如,在《开宝本草》《本草纲目》等多部医药古籍中就有记载:魔芋,性温味辛。魔芋内服,可化痰散积、行瘀消肿,治疗咳痰、积滞、疟疾、经闭、肿瘤、糖尿病,还可以健胃、消饱胀、利尿和护发;魔芋外用,可解毒消肿,治疗颈淋巴结结核、丹毒、跌打损伤、烫火伤和蛇咬伤等。在近代,各地方中药志及中草药书籍中也均把魔芋收录。可见,魔芋确实是我国民间传统利用的中草药。

现代医学研究认为,魔芋的药理作用主要表现为魔芋葡甘聚糖对机体具有奇特的生理效应。刘红通过建立小鼠四氧嘧啶糖尿病动物模型,观察魔芋葡甘聚糖对小鼠血糖的影响。其结果证实,魔芋葡甘聚糖能明显降低四氧嘧啶糖尿病小鼠血糖水平,并能减少四氧嘧啶糖尿病小鼠的饮水量,说明魔芋葡甘聚糖对四氧嘧啶糖尿病小鼠高血糖具有防治作用。孙格选在对魔芋葡甘聚糖的减肥作用进行研究后认为,魔芋消化吸收慢,能够较好地抑制人体小肠对脂肪分解物的吸收,促进脂肪排出体外;同时,葡甘聚糖吸水后体积膨胀,成为具有黏性的纤维素,黏性纤维素可减慢食物从胃至小肠的通过,延缓消化和吸收营养物质。陈建达通过研究发现,食用了高剂量白魔芋精粉的大鼠,其血液中甘油三酯、胆固醇、高密度脂蛋白胆固醇的含量与对照组相比显著降低。张茂玉用魔芋精粉作为添加剂加工制作成食品，对 110 名高血脂者进行食用该食品的研究。其结果表明：实验组 TG、TC、LDL−C 水平均比食用前有明显降低，HDL−C 和 apoAI 也均比食用前显著升高，而对照组各项指标则无显著变化。同时还发现，魔芋对高脂血症者的作用比对 TG、TC 在危险临界值者的作用更明显，并且魔芋食品降血脂作用不是减少膳食摄入量的间接作用，而是其本身就有明显的降血脂效果。

另外，长期食用魔芋可提高机体免疫功能，能抗癌和逆转脂肪肝，能延缓脑神经胶质细胞、心肌细胞和大中静脉内膜内皮细胞的老化过程，能预防动脉粥样硬化，能改善心、脑和血管的功能。

二、食用价值

魔芋的碳水化合物、蛋白质含量高于马铃薯和甘薯，还含有铁、钙、磷、脂肪、维生素 A 和维生素 B 等，而且魔芋是富含葡甘聚糖的少数几种块茎作物之一。魔芋葡甘聚糖具有很强的溶胀能力，吸水量是葡甘聚糖自身重量的 80~120 倍，其水溶液具有很强的黏结性和凝胶性。魔芋葡甘聚糖还具有成膜性、可塑性、结构性、赋形性、乳化性及保水性等，从而被广泛用作食品添加剂、被膜剂、崩解剂、悬浮剂、乳化剂和保水剂，可加工制作成各种保健食品，如魔芋面条、魔芋豆腐等。魔芋含热量不高（魔芋精粉所含热量大约只有大米、面粉的 45%），消化吸收慢，可以帮助食量大的肥胖者和糖尿病患者控制饮食，是一种很理想的低热、低脂、低糖保健食品。将魔芋葡甘聚糖配置成水溶液或将精制的葡甘聚糖粉末按一定的比例添加到所加工的食品中，可以很好地保存食物。用葡甘聚糖水溶液涂饰的食品，可用水很容易地除去，而且这样既对食品的外观无影响，又能起到增加食品风味的效果。因此，由于葡甘聚糖本身所具有的许多独特的保健功能，故可用它来增加被保鲜食物的营养价值。

魔芋块茎不能生食，食用前必须进行去毒处理。农家加工制作的魔芋豆腐一般是通过加碱煮沸去毒的。因鲜魔芋块茎是经过烘干等加工工序后再打成精粉的，其毒性已经除去，所以，食品工业上常用魔芋精粉作为添加剂。

三、工业价值

魔芋在工业领域的应用非常广泛。魔芋葡甘聚糖是一种良好的化妆品基质，它有较好的吸水性和膨胀性，可改善皮肤对化妆品的接触，具有柔软化的效果；可增加头发的光泽。魔芋精粉和葡甘聚糖都具有较好的吸水性、成膜性及黏结性，可用作毛、麻、棉纱的浆料和丝绸双面透印的印染糊料及后处理的柔软剂；可代替淀粉做纺织印染剂、建筑涂料及各种高级黏合剂；在香料加工中可作为微胶囊的囊壁材料；在造纸业中可利用其黏结性制成高强度纸张；在婴儿尿布和妇女卫生巾中用作吸水材料；在园艺中用于鲜切花保鲜；在日化工业中用作增稠剂和稳定剂；在食品保鲜中用作水果、鸡蛋等的无毒天然涂膜保鲜剂。

除以上的用途之外，因魔芋含有多种生物碱，对许多害虫和菌类具有明显的抑制、忌避和毒杀作用，可用来生产无公害地膜和农药乳化剂、增效剂。魔芋还可作为生产半透膜和离子交换膜的原料，石油工业上的钻井助剂和压裂剂，可制作电影拷贝、照相用胶卷、录音磁带等。有意思的是，魔芋还可制作成胶状炸药，该炸药在空气中非常稳定且对碰撞不敏感，即使在水中其成分的溶出也很慢，较长时间存放也不失效，不仅用于一般爆破，也能用于水下爆破。

四、开发前景

魔芋宜在海拔 500~2500 m 的山区及丘陵地区生长。在海拔 500 m 左右的浅丘地区，魔芋的适宜日照强度约为一般作物的 65％，宜选向东或向北倾斜的坡地种植；在海拔 800 m 以上的半山腰地区，宜选向西南倾斜的坡地种植。由于遮阴适度时魔芋发病少，可选择幼树林或森林植被较好的山坡地块种植，也可选择在稀疏的未成林果园、茶园、桐园里间作，或在玉米、高粱、搭架蔬菜地中间作，还可采用遮网覆盖栽培。我国魔芋产区主要分布在云南、贵州、四川、陕西南部和湖北西部，以四川盆地周围山区的魔芋资源最为丰富。其种植北界也可因地制宜地向北扩展，据报道，河南、河北、山东、辽宁等省已引种成功，并获良好效益。

我国有 2000 年的栽培与食用魔芋的历史，但真正大量生产并形成产业化却只有 20 年的时间。与其他经济作物相比，魔芋产业还是一种很年轻的产业。但由于魔芋的价值逐渐被人们认识，因而魔芋产业在我国得以迅速发展。据统计，2002 年全世界魔芋粉总产量约为 1.9 万吨，其中我国的产量约为 1 万吨，占 52.6％，居世界第一位。目前我国出口的绝大部分魔芋产品均为初级加工产品——干片，市场容量有限，势必会受到极不稳定的国际市场制约。由于魔芋有许多独特的性质，使其在食品、化工、石油勘探以及建筑建材等行业有广阔的开发前景，同时魔芋与其他高分子化合物复配使用，还可以开发出许多工业新材料和新产品。因此，对于魔芋产业我们应加大科技投入，增加科技含量，鼓励技术创新和产业化，同时应用现代生物技术，继续培育魔芋优良品种，并搞好种植规范化的实验、示范和推广工作。

第二节　魔芋葡甘聚糖的生物活性研究

纯化魔芋微粉的 KGM 含量可达到 85％以上。近年来，国内外生产的纯化魔芋微粉（魔芋胶）已被作为优良的水溶性膳食纤维配料、医药配料、化工与其他功能性配料。

大量研究表明，KGM 具有水溶性膳食纤维的重要功能，对人体有一定的营养保健作用。许多发表的研究报告证明，食用适量的魔芋粉能显著地降低餐后血糖水平、降低血胆固醇含量，具有调节脂质代谢等生理功能。

一、调节糖代谢

合理控制饮食是治疗糖尿病的重要措施。由于膳食纤维不易被消化吸收，基本不含热能，食用后又有饱腹感，且能减少或延缓葡萄糖的吸收，因而成了糖尿病患者的良好食物和辅助治疗药物。可溶性纤维具有显著改善糖代谢的作用，而不溶性纤维则无明显作用，某些水溶性纤维可降低餐后血糖生成和血胰岛素升高的反应。这种现象发生于正常受试者和糖尿病患者在同时摄入纤维和葡萄糖负荷，或将纤维作为膳食的一部分后。魔芋葡甘聚糖对降低糖尿病患者的血糖有较好的效果，能降低糖尿病患者空腹血糖、餐后血糖和糖化血红蛋白，是糖尿病患者较理想的食品。它不仅可以作为食品享用，还有降低血糖、改善症状和控制病情的效果，对血糖高者效果更佳。近年来的研究认为，糖化血红蛋白不仅是反映糖尿病控制效果的稳定而可行的指标，而且能代表测糖化血红蛋白的平均血糖水平。

降低血糖作用的机理被认为与瓜尔胶一样，也在于其降低了消化道中糖的吸收率。不同种类水溶性膳食纤维降低血糖的能力与其黏度成正相关。瓜尔胶等水溶性膳食纤维的水合速率（Hydration Rate）在决定其生理活性方面至关重要，瓜尔胶降低血糖的生理功能主要取决于其快速水合与增加餐后上消化道食物糜黏度的能力，从而导致葡萄糖吸收速率的下降。

二、降低血浆脂质的作用

心血管疾病在当前已成为人类主要死亡原因之一。脂质代谢紊乱，无疑可加速动脉粥样硬化的进程，促进心血管疾病的发生。研究影响人体脂质代谢的食物因素，对心脑血管疾病的防治十分有益。

血浆脂质一般是指总胆固醇和甘油三酯。不同种类的膳食纤维，降低血脂的效果各有差异。已有大量人体和动物试验，通过研究不同膳食纤维降低血浆胆固醇的效果，而得到一致的结论：大多数可溶于水的膳食纤维，可降低人血浆胆固醇水平，动物血浆和肝的胆固醇水平。这类纤维包括果胶及各种树胶。富含水溶性纤维的食物，如燕麦麸、大麦、豆荚类和蔬菜等膳食纤维摄入后，一般都可以降低血浆总胆固醇，降低数量报道不一，但多数为 5%～10%，几乎一律都降低低密度脂蛋白胆固醇，而高密度脂蛋白胆固醇降低得少或不降低。相反，不溶于水的膳食纤维则很少能改变血浆胆固醇水平。这类膳食纤维包括纤维素、木质素、玉米麸和小麦麸。

关于魔芋降低血脂作用的研究发现，日本传统食品魔芋原材料精粉具有抑制大鼠血清和肝总胆固醇上升的作用。安田等人的研究证实，魔芋对人体具有抑制血液中胆固醇上升的作用。

20世纪80年代后，由于膳食纤维浓缩物魔芋精粉被广泛开发，对其进行了更多的动物试验和人体观察，均表明魔芋精粉具有很好的降血脂作用。

虽然魔芋粉降低血胆固醇含量与调节脂质代谢的作用机理尚未完全明了，但一般还是认为，它与吸附和结合肠道内胆固醇、增加胆汁酸分泌有关。

三、改善大肠功能

慢性功能性（习惯性）便秘较常见。在英国的调查显示，总人群中有10%受此症困扰，发病率随年龄的增加而增加，其他发达国家也相似。中国和其他发展中国家在过去关于此症的发病率并不高，但随着饮食精化和年龄老化，便秘者急剧增加。多数便秘患者通常是自行服用通便药或使用塞肛通便药，仅有少数便秘患者到医院就诊。因患急性疾病卧床的病人多数都有便秘，所以保持大便通畅是必要的防治措施。预防便秘主要是在饮食中增加膳食纤维的含量。

饮食中的膳食纤维影响大肠功能的作用，包括缩短食物在肠道里面的通过时间、增加粪便量及排便次数、稀释大肠内容物，以及为正常存在于大肠内的菌群提供合适的营养物质和底物。所有这些作用均受饮食中膳食纤维来源、类别等影响，有专家报道，在健康人群中，粪便重量与通过时间有关，随着粪便重量增加，则通过时间相应较短，粪便重量的增加与膳食纤维的来源之间有计量关系。含不可溶性纤维的食物（如麦麸）使粪便重量增加最多，水果和蔬菜以及树胶使粪便重量中度增加，而豆类和果胶则使粪便重量稍微增加一点为最少。粪便重量的增加，与粪便中微生物的量、未消化的食物残渣或粪便中的非细胞物质的增加有关。国内外研究证实，魔芋对缩短粪便运转时间和增加粪便重量特别有效。通过便秘患者食用魔芋对肠道功能影响的观察表明，魔芋能增加平均每日粪便湿重（相当于1 g魔芋精粉增重11.4 g）和粪便含水量，能缩短肠道运转时间和平均一次排便时间。肠道细菌总数基本稳定，需氧活菌数和厌氧活菌数增加，以双歧杆菌为指示菌的厌氧菌占优势。

魔芋粉在预防肥胖与防治便秘方面有一定效果。张茂玉等的研究指出，魔芋粉是一种吸水性极强的天然魔芋胶体，吸水后膨胀系数很大，在胃内有充盈作用，可增加饱腹感，同时可阻碍产热营养素的吸收，从而达到预防肥胖和控制体重的目的。魔芋粉在大肠内吸水后体积膨大，可以增加粪便含水量与粪便湿重，增加粪便体积和松软度，利于排出。它经结肠菌群分解产生的短链脂肪酸能促进肠道蠕动，缩短排便时间。

膳食纤维对预防结肠癌、乳腺癌等有一定作用。魔芋精粉对小鼠肺癌有预防作用。这可能是可溶性纤维大量吸水，稀释了肠道致癌物和前致癌物的浓度，并加速将其排出体外；影响肠道菌相变化，厌氧菌增加，厌氧菌中双歧杆菌有抗肿瘤作用；还可以将可疑致癌物胆汁酸的代谢产物从体内加速排出。

四、减肥作用

肥胖已成为现代文明病而日益受到人们的关注。在我国，随着人民生活水平的提高，肥胖人数有逐年增多的趋势。肥胖不仅给人带来诸多不便，影响健美，而且常伴发许多疾病，如高脂血症、冠心病、高血压、糖尿病等。

肥胖的原因，除遗传因素、内分泌失调或代谢性疾病外，引起肥胖的根本原因是能量不平衡，摄入量超过需要，多余的能量转化为脂肪储存在我们的体内，使体重超出范围，这是最常见的一类肥胖，我们称之为单纯性肥胖。严格控制饮食，减少能量摄入，往往使人觉得饥饿难忍，不易接受。含膳食纤维丰富的食物，能增加饱腹感，减少热源质在消化道的吸收。因此，膳食能量控制的重要手段之一，就是在膳食中加入适量的膳食纤维。

魔芋是高膳食纤维的食品，因此饮食中增加一定量的魔芋制品或其他可溶性膳食纤维可达到预防肥胖或延缓肥胖的目的。目前，将魔芋精粉或其他可溶性膳食纤维作为配料而加工制作的减肥食品和保健食品已有面市。

Walsh等临床实验证实了魔芋粉的减肥作用。国内孙恪选等也进行了魔芋粉的减肥实验。国内亦在进行魔芋微粉减肥专利产品研发。

五、其他作用

许多非淀粉多糖有调节机体免疫功能的作用，能增强机体非特异性免疫、细胞免疫和体液免疫功能中的一个或几个方面。据四川大学有关科研人员的研究，魔芋精粉能提高正常小鼠和免疫抑制状态小鼠的特异性与非特异性免疫功能，具有免疫调节活性。

当然，也有关于魔芋精粉减肥效果不明显的报道。究其原因，则可能是因为所用魔芋精粉粒径太大，在体内吸收不好而造成。将魔芋精粉加工成魔芋超细粉末后，对肥胖大鼠模型的生长具有明显的抑制作用，与魔芋精粉和魔芋多糖的抑制效果也有显著性差异，并且脂肪细胞大小、总脂肪湿质量、三酰甘油和血糖值均表明了这一结果。究其原因，则可能是因为魔芋超细粉末的粒径远远小于其他各组，在体内滞留的时间大大延长，在体内的吸收度和生物利用度也大大提高，使魔芋的药理功能得到较好的发挥所致。近年来，药物超细化及纳米化研究渐成热点，相信随着研究的不断深入，其吸收、代谢机制将最终得到阐明。

关于魔芋微粉生物活性的研究，最近也取得了一些进展。魔芋精粉尚具有一定的抑瘤和免疫增强作用。研究表明，在抑制遗传过敏性皮炎及提高免疫功能方面，小鼠口服低黏度的魔芋微粉，优于口服高黏度的魔芋精粉。从免疫功能的增强效果来看，这主要是取决于魔芋粉的粒度，而不是黏度。魔芋微粉可能对肠道免疫系统与其他免疫系统具有特殊的免疫调节功能。实际上，颗粒细小的魔芋微粉似乎更容易降解为寡糖，因为其表面积的增加会促进肠道细菌与酶在 KGM 分子表面区域的黏附作用，使得 KGM 的发酵量、盲肠与结肠的细菌总数得以增加。也有研究表明，魔芋葡甘聚糖降解物比未水解的魔芋葡甘聚糖表现出更好的益生效应。这些研究结果与高黏度魔芋粉具有更好的调节血糖血脂作用的传统观念有所不同。但这种低黏度魔芋微粉的作用机理尚待进一步深入研究。

第三节　葡甘聚糖的特性、改性及用途

在食品添加剂行业中，魔芋葡甘聚糖通常被称为魔芋胶。粗加工的魔芋胶有浓烈的特有腥味，而精加工的魔芋胶则有微弱的腥味或基本无腥味。魔芋胶的天然粒度为 40 目左右，其色泽一般为棕白色或浅灰白色，加工后粒度变细，白度提高。迄今为止，在人们发现和利用的亲水性胶体中，魔芋胶是黏度最高的一种天然植物胶。因为魔芋胶在遇水溶解后具有高溶胀性、高黏度以及性价比合理等特点，所以常被作为增稠剂、胶凝剂、持水剂和稳定剂而广泛地应用于食品工业等多个领域。

一、魔芋胶的基本特性

（一）溶解性

魔芋胶不溶于甲醇、乙醇、丙酮、乙醚等有机溶剂中，可溶于冷水或热水中。但是，魔芋胶在热水中需解决分散性问题，否则会因溶胶时颗粒表层快速水合而形成胶膜，使内核的魔芋颗粒无法溶解。

随着粒度变细，魔芋胶的溶解性增加，其黏度下降。对于 95％过 120 目的产品，在温度为 25℃时保持 30～40 分钟后，可达到黏度的峰值，随后略有下降并基本保持稳定。溶胶的浓度与黏度呈非线性关系，浓度越高，黏度上升幅度也越大。魔芋胶的溶解性与魔芋葡甘聚糖含量关系虽不大，但其含量越高，形成的水溶胶的黏度越高。一般情况下，魔芋胶的适宜溶胶温度应小于 85℃，大于 95℃后其黏度会大幅度下降。高纯度的魔芋胶在水中形成的溶胶黏度可达 15000～20000 mPa·s以上（按特定的黏度测量方法测定）。

（二）流变性

魔芋胶吸水膨润后，其体积可增至近 100 倍，这是目前所发现的其他食用胶类无法相比的。魔芋胶湿润后易溶解于水，其水溶液为假塑性流体，即有随剪切速度的增加而黏度变小的性质。例如，在测定魔芋胶溶液黏度并使用同一转子

时，如果改变转速，则所测定的黏度值也会发生变化，转速越高，黏度越低。因此，在测定魔芋胶黏度时，除一定要执行其他条件外，还要执行同行业规定的转子号、转速等。

（三）稳定性

1. 热稳定性

魔芋胶形成的水溶胶可随着加热温度的提高而黏度降低，温度降低后黏度又会逐渐恢复，但略有损失。

2. 盐稳定性

在盐含量为 0.5%～4%范围内的盐溶液中，魔芋胶的黏度基本无变化。

3. pH 值稳定性

酸性条件下，pH 值为 4.0 时，魔芋胶在水溶液中的黏度达到峰值。随着 pH 值的下降，魔芋胶的黏度略有下降，在 pH 值为 2.5 时的黏度与 pH 值为 4.0 时的黏度相比，平均下降10%～20%。

4. 压力稳定性

随着压力的增大，魔芋胶的水溶胶黏度会有明显下降。

（四）成膜性

魔芋胶溶液脱水后，可以形成有黏着力的硬膜。该膜在冷、热水中及酸液中稳定，甚至煮几小时也稳定。添加保湿剂甘油后，可以改变膜的机械性能。随着甘油用量的增加，膜的机械强度降低，透明性增加。通过改变添加剂的品种和用量，可以改变膜的柔软性和透气性。

（五）凝胶性——热稳定特性

造成魔芋胶水溶液不能形成凝胶的原因是魔芋胶长链上的乙酰基阻止了魔芋胶长链的相互靠近，因此，只有在一定条件下使魔芋胶长链上的乙酰基脱离后，才能形成具有良好弹性的热稳定性凝胶。研究发现，魔芋胶凝胶发生的过程是因为其分子中的乙酰基在碱性和加热条件下脱离长链，使魔芋分子之间形成各种新的化学键构成的立体网状结构聚合体，网络中心的复杂立体键束缚并吸收了大量不能自由流动的水分子，这就形成了所谓热稳定很强的凝胶体。实验证明，魔芋胶形成凝胶的最低浓度是 0.5%，但若是要使其达到有使用价值的强度，则浓度应在 2.0%以上，而 pH 值至少应控制在 9～11 以上。虽然凝胶强度与体系中 pH 值的关系不大，但碱或碱性盐类品种的影响却是有明显的不同。例如，如果碱性剂使用的是磷酸盐（pH＝8.1），那么就能形成较强的凝胶；如果碱性剂使用的是氢氧化钠（NaOH），那么即使 pH 值为 12.5，其凝胶强度也不及前者的二分之一。

（六）配伍性

魔芋粉与卡拉胶（CAR）的相互作用很强，结合体可形成对热可逆的弹性凝胶，其协同增效作用比槐豆胶与卡拉胶之间的作用更强。魔芋胶与卡拉胶复配后可添加在悬浮型肉制品中，如波洛尼亚香肠和成型肉制品（如火腿等），作为黏合剂或构造剂。魔芋胶/卡拉胶复配胶在 0.7%~0.9%浓度时，产生可匙食的凝胶结构；在 0.45%~0.5%浓度时，产生可饮用凝胶。魔芋粉、卡拉胶和槐豆胶三者复合能生成强力弹性凝胶。

魔芋粉与黄原胶复合也可形成黏弹性非常强的凝胶。魔芋胶与黄原胶相互作用生成的凝胶，其性质类似于烤面包中谷蛋白的作用。这种凝胶能形成气泡小室，赋予烘烤食品的质地结构和体积，也会使烘烤食品更湿润。

魔芋粉与大多数淀粉结合后，在维持煮沸的条件下可出现非常高的黏度，而与淀粉复合生成的热稳定胶则会产生不透明感。这种凝胶切成丁或圆形颗粒，可与瘦肉混合作为香肠配方成分。

（七）衍生性

在魔芋胶主体长链结构上和支链上，因存在着许多羟基和可置换的活泼基，所以用化学能量可使其进行各种甲基化、羧甲基化、酯化、醚化等多种衍生物反应，以及水解、降解、络合等剪切反应，这在目前其他食用胶的结构上是很少有的。这些反应有的可以提高原有黏度和稳定性，有的可以提高原有的溶解度，有的可以提高悬浮性或成膜性。因此，魔芋胶的衍生性能为其应用又开辟了一个新的市场。

（八）与蛋白质的相互作用性

由于魔芋胶是一种酸性多糖，而大豆分离蛋白（SPI）是一种两性聚电解质，因而可以找到蛋白质和酸性多糖的大分子带有相反电荷的 pH 值范围。在这个范围内蛋白质的大阳离子和酸性多糖的大阴离子产生静电相互作用，结果形成可溶性络合物或不可溶性络合物，可溶性络合物就是最终具有弹性的魔芋胶大豆分离蛋白热稳定凝胶体。根据实验结果表明，相反电荷的 pH 值在 9 左右时，混合多糖蛋白质即可形成可溶性络合物。此络合物在进行热处理过程中由于蛋白质变性，使原来紧密有序的结构，变成了松散无序的结构。因此，酸性多糖与大豆分离蛋白（SPI）通过盐键和疏水键相互作用，便形成了热稳定性凝胶。研究表明，魔芋胶与大豆分离蛋白（SPI）相互作用而形成的络合物是一种新型的胶凝体，在食品工业中具有重要的应用价值。

二、魔芋胶的改性

为使魔芋胶物化性质得到改善，可以对 KGM 分子中的—OH 和 CH₃CO—两类基团进行化学改性，也可以对魔芋胶进行某些物理改性。可以说，对魔芋胶改性的研究是魔芋胶开发的一个很重要的方向。

按 KGM 与所使用的改性试剂发生的反应，魔芋胶的改性方法可分为化学改性和物理改性两类。

（一）化学改性

1. 脱乙酰反应

当 KGM 与碱作用时，KGM 上的乙酰基被脱掉。失去乙酰基的裸状 KGM 分子间可形成更多的氢键，成膜时能形成更加有序而致密的排列，因而膜的性能得到明显改善。

2. 接枝共聚反应

由于 KGM 中含有功能基—OH 和 CH_3CO—，借引发剂可将不饱和烯烃单体接枝到 KGM 聚合物的主链功能基上，形成接枝共聚物。常用的不饱和烯烃有丙烯酸酯、丙烯酸丁酯、丙烯酸等。KGM 接枝产物的黏度较未改性 KGM 的黏度要高。

3. 酯化反应

以含氧无机酸或有机酸作为酯化剂，使 KGM 形成有机酯类化合物，常见的有马来酸酯化、苯甲酸酯化和磷酸酯化。例如，用苯甲酸对魔芋胶进行改性，改性后的产品溶胶的成膜性、稳定性与未改性者相比均有明显的改善，黏度提高了2倍多，稳定性也明显提高，且具有相当的抑菌效果。

除以上几种改性外，还有用有机钛、醚化剂和 H_2O_2 等物质对其进行改性，使魔芋胶的性质均有所改善。

（二）物理改性

1. 共混改性

共混改性是利用 KGM 与黄原胶、卡拉胶等物质共混而产生的协同作用。该协同作用的机理目前尚不太清楚，但利用其原理改性成的膜的抗水性和凝胶强度大大超过未改性 KGM 膜，只是稍逊于化学改性 KGM 膜。

2. 纯化改性

纯化改性是采取一定物理方法去掉影响 KGM 的吸水性和形成凝胶能力的非 KGM 成分。例如，利用不同浓度的乙醇溶液边洗涤边进行磨细，使改性后的 KGM 黏度提高1倍以上，溶解速度加快 50%，其改性 KGM 膜抗张力增大近1倍。

三、魔芋胶在食品工业中的应用

魔芋胶在食品工业中的应用相当广泛，如在肉制品、水果蔬菜制品、面制品和糖果制品等食品中都可得到应用。魔芋胶在食品中可用作稳定剂、悬浮剂、增稠剂、胶凝剂、乳化剂、成膜剂、品质改良剂等，其中作为胶凝剂、稳定剂、增稠剂用途较广。魔芋胶常见的持水性、保水性体现于作为稳定剂、增稠剂的使用过程中，其赋形性、悬浮性特别体现于作为胶凝剂的使用过程中。

（一）魔芋胶在食品中的结构功能

1. 增稠作用

由于魔芋胶溶于水后，能形成高黏度的水溶液，并具有剪切复稀的性质，且黏度不受电解质的影响，在 pH 值为 3.5～8.5 范围内基本稳定，因而在饮料及乳制品加工中，可以提供稳定的结构，增加口感的真实度，使固相的大颗粒更均匀地悬浮、稳定于液相之中。由于饮料等产品对口感要求较高，因而对魔芋胶的规格要求也较高，需要先综合比较产品的粒度和黏度等性能指标再加以应用。

2. 胶凝作用

在有其他胶凝剂配合的情况下，能形成结构稳定的胶凝体，并且随着其用量的增加，产品的柔韧性得到提高；在碱性条件下，能形成热不可逆的胶凝体；在酸性条件下，能形成热可逆的胶凝体。因此，在果冻、软糖及凝固型果酱类产品中获得广泛的应用。在产品的溶解性与黏度的关系上，以及在透明度、柔韧性的控制方面，不同规格的魔芋胶产生的差异也十分明显。

3. 持水和保水作用

在肉制品、面制品及软糖等产品中，持水性及保水性的指标对其产品质量影响较大。现有的保水剂类产品虽已充分考虑了磷酸盐类产品在保水方面的作用，但到目前为止，魔芋胶在保水方面的功能仍未充分地得到开发和运用。事实上，大分子量的魔芋胶有着十分卓越的持水能力。

4. 健康作用

（1）能提供天然、优质的可溶性膳食纤维。由于魔芋胶是一种高黏度的可溶性膳食纤维，即使作为食品添加剂少量使用，仍能提供给人体一定量的优质膳食纤维，帮助人体获得更合理的膳食营养结构，减少现代"成人病"的发生机会。

（2）替代脂肪、糖。魔芋胶吸水膨胀倍数高，在产品中能形成独特而稳定的持水型网络状结构，可有效地降低肉制品、乳制品及冰淇淋中脂肪含量和糖含量。这对不论渴望生产低脂、低糖（低奶、低油）的生产商，还是追求消费该类产品的消费者来说，都大有好处。

（二）魔芋胶在食品中的应用概述

1. 在凝冻食品方面的应用

魔芋胶（KGM）和卡拉胶（CAR）结构相似，极性接近，在溶解过程中容易融合。凡能使卡拉胶（CAR）凝冻的盐类，都能使魔芋胶（KGM）与其产生出奇特的凝冻增效作用，这是其他胶类（包括以往常用的 XG）都无法相比的。这样不仅改善了凝冻食品的感观指标，而且也大大地提高了凝冻食品的内在质量。调整魔芋胶（KGM）的规格和使用量可以生产出韧脆型、韧型、高韧型、韧脆糯型、透明和高透明的市场上几乎所有的凝冻食品，如果冻、水果罐头冻、可吸冻、凉粉、冰粉、布丁、龟苓膏、杏仁豆腐等。

魔芋胶（KGM）在碱性盐类，特别是碱性钙盐的作用下，脱去分子上乙酰基，能生成热不逆的食用胶。由于魔芋胶的这一特性是目前所发现的其他食用胶类都不具备的，因而它在凝胶食品方面，具有极大的应用价值。利用这一特性，可以使用魔芋胶（KGM）生产出市场上所需的绝大部分凝胶性食品，如各种魔芋豆腐、粉丝、粉片、魔芋丁以及仿生海产品和仿生水果等。这些凝胶仿生食品有的可以直接食用，有的炒、煎、炸、炖后食用，有的可以作为其他食物的中间品。

2. 在凝胶食品方面的应用

使用魔芋胶加工制作出的产品保水性强，可防止油汁析出，产品的弹性好、切片性好、韧脆适中、嫩滑爽口，如火腿肠和肉糜制品等。

3. 在稳定悬浮食品方面的应用

魔芋胶（KGM）分子量大、水合力强，具有良好的增稠性。其黏度为 $15000 \sim 20000$ mPa·s，最高可达 40000 mPa·s，是目前所发现的并已投入工业化生产和应用的黏度最高的天然植物性食用胶类。用它配制的悬浮稳定剂，使用量小，稳定性强，很少受 pH 值和糖含量的影响。在饮料、果肉果汁、银耳羹、八宝粥等悬浮食品中使用魔芋胶配制的悬浮稳定剂后，都会让人品尝到这类食品所具有的适度稠厚的真实口感，都会看到固形物稳定地悬浮于液体中。

4. 在冷饮食品方面的应用

传统冰淇淋产品是以乳固形物和乳脂肪为主体，加以白砂糖、香料、动物胶、鸡蛋等，经冻结而成。其中，动物胶是起稳定剂的作用，是用它来防止冰晶生成，促进冰淇淋组织细腻圆滑，增大膨化率，增强冰淇淋抗融性等，但实际效果并没有完全达到。几十年来，先后又有果胶（PEC）、海藻酸钠（SA）、羧甲基纤维素（CMC）、淀粉（STA）、卡拉胶（CAR）、黄原胶（XG）和藻酸丙二醇酯（PGA）投入使用，但效果始终满足不了市场对冰淇淋质量的要求。从魔芋胶（KGM）的分子结构来分析，魔芋胶具有其他食用胶类从来不曾有过的高膨胀性（约为自身体积的 100 倍）、高黏度（一般可达 $15000 \sim 20000$ mPa·s 以上）和黏度热稳定性（在 95℃的高温度下 60 分钟，黏度仅降低 30%）。因此，用魔芋胶来生产冰淇淋，完全能达到预期的效果，即口感细腻圆滑，无冰晶感，抗融性好，赋形性强。即使将冰淇淋置于 -15℃温度下贮存三个月，仍未发现有冰晶产生。

5. 在软糖食品方面的应用

软糖是一类水分含量高、柔软、有弹性和韧性的糖果，其中有的黏糯，有的带有脆性，有的透明，也有的半透明或不透明。使用能吸附填充物多的并能满足软糖弹性、韧性要求的魔芋胶（KGM）作为软糖的胶体骨架，所生产出的软糖，透明性好，富有弹韧性，柔软适中，利口，在常温下可长时间贮存，不返砂、不融化、不黏纸，能完全达到质量要求。

6. 在面制品方面的应用

（1）在制作面包、蛋糕中的应用。面包和蛋糕是食品市场上的常见商品，因其营养丰富、口感松软而深受人们的喜爱。但普通面包、蛋糕保水性差，容易发干掉渣，不耐贮藏，直接影响产品的品质、风味及货架期。把魔芋精粉糊化成糊，添加于各种配料中，可使面包、蛋糕保水性好，强性、韧性增强，体积增大，食用时不发干、不掉渣，口感松软，货架期得到延长，使面包、蛋糕的品质显著提高。

（2）在制作面条中的应用。利用魔芋粉的胶凝性和保水性，制作魔芋面制食品，将魔芋粉按一定比例添加于面条中，可增加面条的韧性、弹性，而不易断条。

7. 在其他休闲食品方面的应用

在巧克力食品中，可增加巧克力的黏度，防止油析，降低巧克力成品的热敏感性。在膨化粒状食品中可以作为黏结剂、赋形剂、增强剂。在甜饼和果酱食品中，可以提高其黏结性和成团性。

四、魔芋胶在其他工业方面的应用

（一）在钻探工业方面的应用

几年前由中南矿冶学院研制的"无固相冲洗液"，就是在魔芋胶中加入氢氧化钠（NaOH）和硼砂（$Na_2B_4O_7 \cdot 10H_2O$）使之胶联而成的。该冲洗液具有失水量低、黏度可调、抗盐和抗钙性能强，以及理化性能稳定等特点。经过在5000 m 深层下钻进行试验表明，该冲洗液能顺利通过不同程度的复杂地质层，且机械钻速、钻头寿命均有提高。经国家冶金部鉴定：认为把用魔芋胶制成的"无固相冲洗液"作为地质岩心钻探的钻孔洗液可起到很好的护壁作用。这是一项技术创新，具有国内先进水平，可用于岩心钻进，特别是金刚石钻进等多种复杂地层钻探的理想冲洗液和压裂剂，可替代进口胍胶。早在 20 世纪 80 年代后期，美国政府就已批准科研人员进行将魔芋胶制剂用于石油和天然气钻探方面的试验，目前魔芋胶制剂在石油和天然气开采钻探工作中已普遍使用。

（二）在纺织印染工业方面的应用

在纺织印染工业中的应用主要是利用魔芋胶的衍生物——魔芋胶磷酸酯。试验证明，魔芋胶磷酸酯的成糊率、流变性、抱水性均优于目前的印花糊料——海藻酸钠（SA）。由魔芋胶磷酸酯代替海藻酸钠（SA）作为活性染料直接印花，可达到印花轮廓清晰、得色均匀、给色量高的印制效果，没有痕迹、渗化、脱色、堵网等疵点，且糊料洗脱性也很好。毋庸置疑，用魔芋胶磷酸酯代替海藻酸钠（SA）将会有可观的经济效益和社会效益。

（三）在造纸工业方面的应用

利用魔芋胶的黏结性研制高强度的纸张，利用魔芋胶的增白性研制高级打印纸，利用魔芋胶的吸水性研制各种具有强吸水性能的专用纸等。

（四）在建筑行业方面的应用

在建筑行业中的应用，主要利用魔芋胶衍生物的黏着性、固着性、增色性和稳定性，可生产出耐久性好、抗腐蚀和多种色彩的新型高级涂料。日本用魔芋胶衍生物制剂制成的胶合板粘胶剂，与常用的小麦淀粉粘胶剂、树脂粘胶剂、无机粉末粘胶剂、氯化铵粘胶剂作比较，发现魔芋胶衍生物制剂制成的粘胶剂其整糊黏度、假黏着性以及Ⅱ类耐水强度（kg/cm^2）均优于常用的粘胶剂。

（五）在强力堵封行业方面的应用

利用魔芋胶的吸水性和膨胀系数大等特性，在航运、架桥、化工生产等各项特殊泄漏中，魔芋胶制剂可迅速将泄漏部位堵封。

综上所述正因为魔芋葡甘聚糖的优良特性和广泛的用途，人们对它的需要量日益增加。魔芋产品在国内外市场的畅销，有力地促进了我国魔芋产业的发展，种植魔芋的经济效益得到显著提高，已成为魔芋产区农民发家致富奔小康的一种重要途径。魔芋产业的发展带动和促进了魔芋产区国民经济的发展，在我国已形成一个新兴的产业，并不断发展壮大。

第四节　魔芋加工的分类及内容

魔芋加工的分类是按魔芋产品的用途层次来划分的，大体可分为魔芋初加工、魔芋精粉加工、魔芋深加工三大类。

一、魔芋初加工

魔芋初加工主要是将采收的鲜魔芋球茎按工艺技术要求，用人工或机械方法加工成含水量≤14％的干魔芋片（条、块）和魔芋粗粉产品。

二、魔芋精粉加工

魔芋精粉加工按其工艺技术方法，可分为干法加工魔芋精粉和湿法加工魔芋精粉两大类。在每类加工方法中，根据对其加工的深度，又可分为普通魔芋精粉与微粉加工和纯化魔芋精粉与微粉加工。

（一）干法加工普通魔芋精粉

此加工主要是将干魔芋片（条、块），按工艺技术要求，使用专用机械设备加工，初步去掉淀粉等杂质，制成颗粒度为 0.335～0.125 mm（40～120 目）的产品。

（二）干法加工普通魔芋微粉

此加工主要是将普通魔芋精粉，按工艺技术要求，使用专用机械设备加工，初步去掉淀粉等杂质，制成颗粒度≤0.125 mm 的产品。

（三）湿法加工普通魔芋精粉

此加工主要是将鲜魔芋球茎，按工艺技术要求，以食用乙醇浸渍保护，使用专用机械设备直接加工，初步去掉淀粉等杂质，制成颗粒度为 0.335～0.125 mm 的产品。

（四）湿法加工纯化魔芋精粉

此加工主要是将鲜魔芋球茎或干法魔芋精粉，按工艺技术要求，使用专用机械设备加工成 40～120 目颗粒度的产品。它要求在生产过程中，以食用乙醇浸渍保护加工，所提纯的葡甘聚糖含量达 85％以上。

（五）湿法加工纯化魔芋微粉

此加工主要是将魔芋精粉，按工艺技术要求，以食用乙醇浸渍保护，使用专用机械设备加工，制成颗粒度≤0.125 mm 并提纯的葡甘聚糖含量达 85％以上的产品。

三、魔芋深加工

魔芋深加工主要是将魔芋精粉按不同的工艺技术要求，使用不同的专用机械设备加工成不同的魔芋食品或其他各种产品，使魔芋精粉在食品、医药、化工等行业中得到广泛应用。由于经过深加工后的最终产品不同，其工艺流程和机械设备也完全不同，加工的方法及内容更加丰富多彩，加工出来的产品花色品种繁多。

（一）食品行业（魔芋豆腐及变形系列食品）

在食品行业中，主要是以魔芋精粉为原料，按魔芋豆腐及变形系列食品的工艺技术要求，使用不同的专用机械设备生产加工出多种魔芋食品和变形系列食品。

市场上常见的还有魔芋粮油制品、魔芋糖果糕点、魔芋饮料、魔芋果冻等系列产品，其品种繁多，食味宜人，既改善了现代人的饮食结构，又具有保健的功效。

（二）其他行业（医药、化工、石油、纺织、建筑）

由于魔芋葡甘聚糖具有特异的物理化学性能，使它在许多行业获得广泛的用途。例如，在医药治疗、保健健身、化工、化妆品、纺织印染、石油钻井、包装黏结、农膜降解、农用保水剂、建筑涂料等方面均开发出许多新型产品。魔芋深加工的内容丰富多彩，国内外市场广大，前景广阔，值得深层次研究开发的课题更多，更富有值得系统研究探讨的吸引力。

第五节　魔芋加工技术的现状及发展趋势

魔芋在我国有着极其丰富的资源，要把这个资源优势转化为产品优势和经济优势，就必须采用先进的科学手段匹配先进的工艺技术和加工设备，才能加工出达到标准的优质产品，才能满足国内外市场及外贸出口的需求。

一、在魔芋初加工方面

魔芋初加工由原来的基本上是顺其自然地将魔芋片（角）烤干或晒干，产品的色、质很差，发展到现在采用国产的烘干设备，进行机械化、半机械化干燥，产品在外观色泽和内在质量上产生了质的飞跃。

随着产品质量要求的不断提高，魔芋初加工干魔芋片（条、块）状况从个体芋农使用土坑、土法加工的比例正逐渐减少，使用专业机械设备进行机械化烘烤加工的比例正逐渐增多，而且加工设备的结构、布局、自动化程度、控硫含量等也越趋完好和先进。这就是我国魔芋初加工技术的现状及发展趋势。

二、在魔芋精粉加工方面

魔芋精加工是指从鲜魔芋块茎或干魔芋片中，提取其主要成分葡甘聚糖的加工过程，通常称为"魔芋精粉加工"。目前，我国魔芋精粉加工方法，大体可分为干法加工精粉和湿法加工精粉两大类。

（一）干法加工精粉

干法加工精粉是以干魔芋片为原料，采用专制的魔芋精粉机，通过粉碎、研磨、分筛等工序加工精粉的方法。

目前，干法加工精粉的企业较多，全国有160多家。这些企业采用的设备，主要是一些科研单位和企业共同研制的以干粉碎、研磨、分离为主，在电器上能自动控制工艺流程的魔芋精粉加工设备。干法加工精粉的质量好坏，取决于魔芋干片的质量优劣与否。芋片质量好，则可以加工出比较好的精粉；反之，精粉的质量较差。这种低质精粉，主要表现为色泽黄、黏度低、含硫量高，只能作为低级魔芋食品的原料，而不能用于医药、日用化工产品，缺乏竞争力，加工企业经济效益不高。干法加工精粉的质量不高、不稳定的根本原因在于魔芋干片的烘烤技术落后和烘烤出的优质芋片比例太小，要解决这些问题，从根本上讲，就必须大力推广比较先进的机械化烘烤工艺和设备。

干法加工精粉的一个致命弱点，就是在所加工的精粉中存在异味和杂质，这将严重影响到魔芋精粉的多种用途和经济价值。最近几年，在一些科研机构和加工设备企业的努力下，研制出国产的魔芋精粉研磨机和细（微）粉加工设备，对一般干法加工的精粉进行再次研磨和细化加工，较好地改善了干法加工精粉的质量。这对增加产品品种和提高产品质量起到了很大的促进作用。

（二）湿法加工精粉

湿法加工精粉是以鲜魔芋块茎为原料，食用乙醇为介质（保护液），通过粉碎、研磨、分离、脱水、干燥、干研磨、分筛等工序，直接加工成精粉的方法。湿法加工精粉是目前我国魔芋精粉加工方法中最先进的一种方法，但其成本也远高于干法加工精粉。

目前，干法加工精粉的企业虽然较多，但正逐渐在减少。据调查，不少干法加工精粉的企业正在对加工设备进行更新改造，增大湿法成套设备的投入。湿法加工精粉的企业目前虽然比较少，但正逐渐在增多。并且，新建厂家多以湿法加工为主，特别是以鲜魔芋球茎为原料直接加工纯化魔芋精粉和纯化魔芋微粉的自动连续生产成套设备，得到许多企业的认可，这将大大提高湿法优质精粉（纯化粉、纯化微粉）的产量和质量。中国魔芋产业以提高魔芋资源利用率为目的，正在加快推广湿法加工精粉（微粉）技术和成套设备。这就是我国魔芋精粉加工技术的现状及发展趋势。

三、在魔芋深加工方面

魔芋深加工主要是指利用魔芋精粉加工制成各种魔芋食品和利用精粉作为添加剂加工制成其他多种产品。魔芋精粉在食品、医药、化工等行业中得到了广泛应用，并显示出其独特的作用。

在魔芋食品加工方面，已经从传统魔芋豆腐衍生出众多魔芋仿生食品，如魔芋条（片、块）、魔芋粉丝、魔芋素鸭肠、魔芋素肚片、魔芋素腰花、魔芋素蹄筋、魔芋丸子、魔芋花卷等。目前这些食品占魔芋食品市场生产销售总量的70%左右，不同的食品品种，其成本价格不一样，完全可以满足市场人们不同层次的消费需求。随着人们生活水平及对质量要求的不断提高，以及有关部门对食品卫生管理制度的加强，个体土法加工的魔芋食品将受到一定的约束。开发研制出的中（小）型魔芋食品机、多功能的整形机或模具、小型专机等将受到市场的欢迎及推广。引进的成套食品加工设备和大型专机等虽一次性投资很大，但却具有很多优势，在地域分布经营条件成熟的大城市得天独厚，凸现区域行业垄断的显著优势。随着魔芋食品科学技术的发展，对魔芋食品的研究不断深入，对滋味、营养、品质等多方面有了更高的要求。在魔芋食品的研制上，对附味魔芋食品（色、香、味及营养成分）、改性魔芋食品（不同组织结构和食感）以及其他魔芋食品（功能性、保健性）的研究将会不断加强。这就是魔芋深加工在食品方面的发展趋势。

魔芋其他产品的开发及研究动向主要包括魔芋农用降解薄膜、魔芋种子包衣剂、魔芋可食性薄膜、魔芋抗旱保水剂、全天然魔芋消毒纸巾（液）、魔芋涂料系列、魔芋建筑粘胶剂、魔芋干燥剂和魔芋保鲜剂等。此外，根据魔芋葡甘聚糖的特性，从深层次研究，还将获得多种性能优良的功能性材料，如保水材料、多用途复合膜材料、环保友好材料、医用缓释材料、生物相容材料、化工分离支撑材料等。近年来，对魔芋的研究取得了许多新的科研成果，特别是对魔芋葡甘聚糖的特性和用途有了进一步的认识，这就为魔芋加工技术的开发提供了理论依据。这些研究也提出了魔芋加工技术开发的新任务和新内容，向多元化市场和多种产品转换，迅速地开发出更多的新产品和高附加值产品并使之工业化；积极开发边缘学科，让魔芋葡甘聚糖在新的行业领域产生新的作用及高经济增长点。这就是我国魔芋加工技术（工艺和设备）的发展趋势。

第二章　魔芋生长特性及栽培品种

第一节　魔芋形态特征

魔芋为单子叶植物，与我们栽培的其他作物一样，具有根、茎、叶、花、果实和种子等（如图2-1所示）。魔芋植株的地下部分由变态的肉质茎、根状茎、弦状根和须根构成，地上部分由一片大型的复叶构成。4年生以上的球茎可从顶芽抽生佛焰花序，开花结子，但不抽叶。魔芋有其独特的生理特性及形态特征。

图2-1　魔芋的形态特征

1—植株上部　2—球茎、地下茎、根系　3—佛焰花序　4—肉穗花序
5—雄蕊纵剖面　6—雌蕊纵剖面　7—雌蕊横切面　8—柱头面及横切面

一、根

植物地下所有根的总体称为根系，而根系分为定根和不定根。魔芋的根由不定根组成，是从块茎上的芽鳞片叶基部长出的，密集环生、肉质、弦状，呈水平状生长在土表下10 mm左右的土层中，属浅根系，是魔芋吸收水分和土壤养分的器官。魔芋播种后，最先生长出来的是根。在魔芋种球茎顶端生长点的一些薄壁细胞发生分裂，分化出根冠和原形成层，根冠向外生长形成肉质弦状不定根，

其上发生须根及根毛，须根与弦状根基本成直角。魔芋种球茎的顶芽萌发时，其基部逐渐形成新球茎，弦状根便集中在新球茎的顶部及肩部。

若取出一条根来观察，则可以看到根尖的最前端是根冠，紧接着有约 1 cm 且光滑的根段是生长点和伸长区，再后是很长一段长满根毛的根毛区和侧根生长区。弦状根长约 30 cm，最长可达 1 m。在良好的土壤条件下，多数根可以长到叶柄长度的 1~2 倍。魔芋的侧根很密集，较小，长度多在 3~5 cm，长的也可长到 15 cm。

在魔芋的生长期，根系不断代谢，老根长到一定长度时便会枯死，新的根不断补充。7 月以后，新根发生逐渐减少；8 月中旬以后，根的生长明显减弱；10 月以后，球茎接近成熟时，弦状根首先衰退，在近球茎端转为褐色而枯萎，接着须根也开始枯萎，根基部与球茎形成离层而脱离，从而在年生长周期内形成新老更替过程。已形成花芽的球茎，栽种后抽生花葶时，花芽基部的根只长出几根或十几根。

根系不仅起到吸收水分和无机盐向上运输的作用，还具有进行合成与同化的作用。由于魔芋的根内没有维管形成层和木栓形成层，故不能加粗生长，始终保持一定大小。薄壁细胞间的通气间隙也不发达，根内空气通道狭小，这是魔芋根怕渍水的生理原因。

在魔芋的休眠期，无不定根分化，直到顶芽开始分化时，生长点周围活性强的分生组织才形成不定根，向外生长成弦状根。由于根生长的起始温度只需 10℃~12℃，低于萌芽所需的最低温度，故根的生长比叶芽出土更早更快。魔芋根的新陈代谢较旺盛，生长期旧根不断死亡，新根不断发生。到 7 月以后，随着叶的生长达最旺期，魔芋新根发生逐渐减少，但其干物质含量仍能维持到 9 月初以后才逐渐降低，9 月底达到最低点。

二、茎

魔芋，不论商品芋还是种芋，其实都不是真正的果实和种子，而是变态茎。

(一) 球茎

魔芋地下茎的主体呈球状或块状，叫作球茎或块茎。年幼的块茎是椭圆形的，以后随着种植年龄的增加，逐渐变成圆球形、扁球形（如图 2-2 所示）。其茎皮为黄色或褐色，茎肉为白色，但有些品种的茎肉颜色偏黄。球茎纵剖面上部为分生组织，下部为贮藏组织，中部为过渡区域。上部节密集，新球茎、不定根、根状茎等均由分生组织形成。球茎的维管组织保留延伸至新球茎组织中。魔芋球茎的膨大几乎完全依靠异常分生组织的分裂。球茎的横剖面可见表皮的叠生木栓组织，其内是 2~3 层细胞，再往内是薄壁贮藏组织。薄壁组织有两类细胞：一类是普通薄壁细胞，主要内含物是淀粉；另一类是异细胞（或囊状细胞），主要内含物是葡甘聚糖。

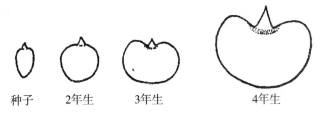

种子　　2年生　　3年生　　　　4年生

图 2-2　不同年龄的球茎变化情况

（二）顶芽

　　块茎的上端有一个肥大的顶芽，顶芽在球茎顶端中心，包括 1 个叶芽及 8～12 片鳞片叶苞。顶芽若为花芽，则明显肥大且较长，第二年只开花，不长叶；顶芽若为叶芽，则叶芽可继续分化形成一个具粗壮叶柄及多次分裂的大型复叶。顶芽着生处叫作芽眼，芽眼也会随着生长年龄增加而加深。在顶芽外围有一叶迹圈，是上个生长周期叶柄从离层脱落的痕迹。在此圈内形成稍下凹的芽窝，窝内的节非常密集，节上的芽似芽眼，呈螺旋状排列。所以，从块茎形状和芽眼深浅就可粗略地估计块茎生长的年龄。顶芽基部还可看到几个细小的芽——侧芽。在球茎底部有残留的脐痕，即种球茎脱离的痕迹。

　　魔芋种植之后，顶芽利用母芋的养料长出一片大型复叶，同时基部重新形成新的块茎，侧芽则长成根状茎。在长鳞片叶的节位上则长出许多不定根，形成一棵新植株。

　　魔芋的顶端优势非常强。如果顶芽受损，或将块茎分切成若干块，不具顶芽的切块，摆脱了顶端优势的控制后，其余的芽可以慢慢长出，而后其中着生位置优越、长得较快的芽形成新的顶端优势，这便是一个芋种只长一株的原因。有时会同时出现两三个甚至更多"势均力敌"的芽，没有主次，收挖时，可得到两三个以上块茎。

　　种芋的顶芽萌发是利用母芋的养料来维持长叶长根的。芽体及其基部分生组织，也同时利用母芋的养料，开始初生生长，重新形成新块茎。新块茎肩部的芽则发育成根状茎。

三、根状茎

　　根状茎又称鞭芋，是由魔芋的腋芽萌发长成的，多在中上部。根状茎的数目，首先与品种有关，花魔芋较少，多数在 3～8 条以内，白魔芋则在 10 条以上；其次与种芋的年龄有关，种龄愈大，种芋愈大，长得愈多。

　　魔芋的根状茎较为发达。根状茎由短缩球茎节上的腋芽发生，一般从 2 年生起，其球茎达到一定大小，积累了较丰富的营养物质后，其侧芽开始发育并生长为根状茎或走茎。根状茎有两种形态：一种是始终保持肥大的根茎状，并且一般较大，单个的重量为数十克乃至上百克，大的可分切成若干段节做种，若不分切则可育成大种芋。另一种起初也呈根茎状，后来养分逐步向茎尖数节集中，膨大成指节状的子芋，基部节段因养分输送完毕而枯萎，子芋的重量为数克至一二十克。

根状茎具有顶芽和节以及节上的侧芽，一般当年不发芽出土形成新植株，而是成为下一年的繁殖材料。

四、叶

魔芋的叶为一大型复叶，是进行光合作用的器官。魔芋生长的好坏，关键在于叶的发育状况。叶的生长往往与地下球茎膨大率成正比。通常在一个生长周期中只发生一片叶，通过粗壮的叶柄支撑并与球茎相连，其再生能力弱。魔芋的叶有两种类型，一为大型复叶，一为变态叶（鳞片叶）。每一个芽外面都被数片鳞片叶包裹保护着。芽萌发时鳞片叶可与芽一起长大，形成长圆锥状的芽鞘保护叶片（或花葶）顺利出土，出土后的鳞片叶还可继续生长数厘米至一二十厘米，以叶鞘的形式保护着叶（花）柄基部，之后干枯死亡。复叶是正常叶，叶形、小叶数及叶面积依生育年龄和管理水平不同而有较大变化，第一年为三裂二歧，只有5片小叶，第二年以后，三裂叶每一分枝再歧状分裂成二歧分裂，或二歧分裂后再羽状分裂。小叶略呈长圆形而锐尖，开放脉序。叶片栅栏组织细胞间隙大，叶肉组织具大型叶绿细胞，并具阴性植物的叶片结构。各级分裂的叶片均无离层，所以叶柄倒伏脱落为全株性。不同生理年龄的球茎抽生的叶片不同，从种子繁殖第一年起，随着球茎年龄的增大，叶片分裂方式呈规律性变化，一般3年以后叶形稳定（如图2—3所示）。

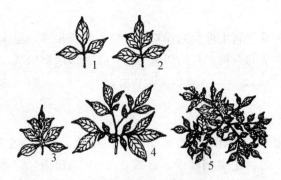

图 2—3　不同年龄魔芋叶形变化

1、2—1年生球茎的叶　3、4—2年生球茎的叶　5—3年生球茎的叶

魔芋叶柄由顶芽抽出，粗壮、中空、表面光滑或粗糙具疣，呈圆柱状，底色

为绿色或粉红色，有深绿、墨绿、暗紫褐色或白色斑纹，是区分不同品种的标志之一。一般情况下，一个种芋种植后只长一片复叶。复叶长出后若受损，则当年不再重新长叶补充。正因为这个特点，形成了魔芋增重数低，种植至收获年限长，种植风险大。

五、花

从播种起，花魔芋经 4 年，白魔芋经 3 年，顶芽可以分化为花芽。花魔芋在秋收季节时，其花芽已分化完全，形状比叶芽肥大，能明显分辨出花芽球茎和叶芽球茎；白魔芋直到春季播栽时，其花芽尚未分化完全，外形难与叶芽区分，花株开花比花魔芋迟 1 个多月。

魔芋为佛焰花。花为裸花，虫媒，雌雄同株，花在花序轴上呈螺旋状排列，是较为原始构造的花序。佛焰花序由佛焰苞、肉穗花序、花葶等组成。

（一）佛焰苞

佛焰苞为宽卵形或长圆形，不同的种有暗紫色或绿色等多种色泽，基部漏斗形或钟形，席卷，里面下部多疣或具线形凸起，檐部稍展开，有多种形状及花色，开花后凋萎脱落或宿存。

（二）肉穗花序

肉穗花序直立，长于或短于佛焰苞，下部为雌花序，上接能育雄花序，最上为附属器，个别种在能育雄花序之下有一段中性花序。附属器可增粗或延长。雄花有雄蕊 1、3、4、5、6 个。雄蕊短，花药近无柄或长在长宽相等的花丝上。花柱延长或短缩。柱头多样，一般头状。

魔芋的花为雌花先熟型，雌花比雄花早熟 2～3 天，且雌花受精的时间短，同株的雄花开花时，雌花已不能受粉受精。因此，若只有一株开花，则不能获得"种子"；但若有多株同时同地开花，由于各株开花时间有先有后，则可能异株受粉受精而获得"种子"。

（三）花葶

魔芋花葶相当于植株的叶柄，色泽、形状均与叶柄相似，连接佛焰花和球茎，起支撑和输导作用。魔芋的花序散放出的腐尸气味可以吸引腐尸昆虫。不同的种和花序部位发出不同的气味，所吸引的昆虫也不同，但一般为腐尸甲虫及粪蝇，很少见到蜜蜂。魔芋花序的附属器发放气味最浓，次为雄蕊和佛焰苞的上端，再次为佛焰苞的中部，而基部不能发放气味。

在生产上，当以商品芋为收获器官时，要尽量不栽花芽种芋。对花魔芋容易判断，只要是冬季收挖的魔芋其芽长为 5 cm 以上且明显不同于其他魔芋的可不作为种芋留下，而直接进行加工处理。对白魔芋而言，要尽可能选小球茎和根状茎作为种芋，可大幅度避免误栽花芽种芋。如果魔芋出土后才发现是误栽花芽球

茎的，则可以拔掉花葶，之后原球茎上将很快重新长出 2~5 个新植株，也可收获新球茎。反之，如果以有性杂交收取种子为目的的，则要选用花芽球茎作为种芋。

六、果实和"种子"

魔芋果实为浆果，椭圆形，初期为绿色，成熟时转为橘红色或蓝色。

果实中的"种子"不是真正的植物学种子，而是一个典型的营养器官——球茎。经正常受精形成的合子，不再形成子叶、胚根和胚芽，而会分化发育成球茎原始体，因此果实中的"种子"不是真正的植物学种子。但是，该"种子"要经过有性过程，才能正常长成植株，因此它仍然可作为杂交育种或专门生产种子的用种。

魔芋属中有少数种能在叶部形成珠芽，通常会在叶片中央及一次裂片分叉处或小叶片上面或叶柄分歧处形成珠芽，如珠芽魔芋、攸乐魔芋等。

第二节　魔芋的生长发育过程

魔芋从种子经过 1 年生、2 年生、3 年生、4 年生或 5 年生，再到开花结出种子的过程叫作魔芋的生命周期。营养生长阶段，球茎的长大是通过"换头"的方式在原有的基础上重新开始的，且愈种愈大，最后转入生殖生长阶段，开花结实，产生新的种子，老一代植株及球茎死亡，完成一个生命周期。在营养生长阶段，魔芋只长叶；在生殖生长阶段，魔芋只开花结实不长叶。因此，魔芋有"花叶果不见面"之说。

一、魔芋的生命周期

（一）营养生长期

魔芋球茎贮藏的养分，可供顶芽的生长和叶片的抽出。随着顶芽基部分化形成新的球茎，母体的营养将逐渐转移到子体的根、茎、叶上，最后母体的营养耗尽，只剩下表皮层，之后其残体与新球茎脱离，从而完成了魔芋生育上的重要转折——换头。此后，魔芋进入自养阶段，形成球茎和根状茎，而球茎的生长主要是进行多糖的合成、运输、转化。

魔芋是单子叶植物，球茎微管组织复杂，有多层，与皮层分界不明显，其保护组织为叠生木栓层，而不是周皮。球茎源于异常分生组织活动，只有初生生长，没有维管束形成层引起的次生生长，故其膨大率远不如其他薯芋类作物。

3 年生以上的球茎将产生根状茎，存在着在较小的球茎单位面积上的维管组织较多，物质合成与转运快捷，并导致较小球茎的膨大系数高、较大球茎的膨大系数低的现象。

（二）开花结实期

魔芋在进化过程中，其繁殖方式已由有性繁殖转向无性繁殖。在目前栽培中，绝大多数都是从根状茎开始其生长发育过程的，只有在很特殊的情况下才用"种子"。花魔芋经过 4 年左右的营养生长期后发育成熟，转入生殖生长期。其主要过程分述如下：

花芽形成过程中，花芽原基的分化与叶芽原基的分化同时进行。花芽是在开花的头一年形成的。在收挖时，已分化成花芽的顶芽要比叶芽长得肥大一些，这时的花芽、花器官已分化完毕。只要有一定浓度的成花激素存在，魔芋的芽原基就能向花原基转变，进而分化形成花芽。

魔芋植株随着种植年龄的增加，体内成花物质的形成，是花芽分化的直接原因。种芋年龄比种芋的大小对花芽的形成的影响要大得多。同是花魔芋，有的块茎只有 250 g 左右，即可开花，有的 2～3 kg 仍未形成花芽，继续其营养生长，长成硕大的块茎。种植白魔芋时，田间花株率很高，也是因种芋无法辨别年龄，播种时也难区分其叶芽或花芽，只凭其大小来选择，许多大龄的小块茎被选作种，花株比例自然就高。

二、魔芋的生长发育

魔芋的生长发育分为休眠期、幼苗期、换头期、膨大期、成熟期等五个时期。

（一）休眠期

魔芋在收挖后的近半年时间内，其芽均处于相对静止的休眠状态，这一休眠状态即为魔芋球茎的生理性休眠。通常，魔芋球茎的休眠期可分为以下三个阶段：

第一，休眠初期阶段，即从收挖到 11 月下旬，历时 1 个月左右。此期，球茎含水量高，呼吸作用强，内部代谢旺盛，淀粉酶、过氧化氢酶的活性强，主要完成后熟作用。

第二，深休眠期阶段，即从 11 月下旬到翌年 1 月上旬。此期，球茎呼吸作用弱，受温度的影响不大，内部代谢基本停止，淀粉酶、过氧化氢酶的活性低。

第三，休眠解除期阶段，即从 1 月上旬到 2 月下旬或 3 月上旬，历时 2 个月左右。此期，球茎呼吸作用随温度的升高而加强，在环境适宜下，球茎会逐步解除休眠，顶芽开始萌动。

一般情况下，魔芋在收挖后的当年是很难发芽的，冬季里，即使温度达到 25℃以上并有充足的水分，其芽也不会萌动。但是，若使用赤霉素（GA3）等植物激素，则可解除魔芋球茎的休眠。

（二）幼苗期

从萌芽出土至复叶的小叶完全展开，以及地下块茎"换头"结束前的这一生长阶段，称为魔芋生长发育的幼苗期。叶片的抽出和展开，是幼苗期魔芋生长的主要特征（如图 2-4 所示）。

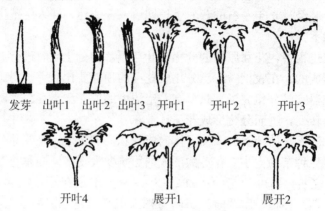

发芽　出叶1　出叶2　出叶3　开叶1　开叶2　开叶3

开叶4　　　展开1　　　展开2

图 2-4　魔芋叶片展开过程

解除休眠后的芽，只要起点温度达到 15℃，便可以萌发。在 15℃～35℃范围内，随着温度的升高，芽生长的速度加快，但以 20℃～25℃ 最为理想。而在 30℃～35℃高温下，芽虽然生长得快，但长得瘦弱。

3月上中旬，魔芋在彻底解除休眠后，顶芽便开始萌发。此期为最佳栽种期。魔芋栽种后 50 天左右，鳞片叶出土并包围复叶的叶柄基部。

叶片展开的形式与其植株的健壮程度和产量有关。魔芋萌芽初期，叶片的抽出展开速度较慢，中期较快。但各期叶片展开速度又因每年的气候、发芽时期等不同而异。展开叶的类型有以下五类：

第一，高"T"字形展开：叶芽膨大生长极好，小裂片从叶芽的先端逐渐展开，直到展开叶的第二期形成高"T"字形。随着小叶柄的张开，将出现极健壮的细漏斗状叶片。

第二，漏斗状展开：第一种是小叶展开顺利，但小叶柄张开不整齐，叶片较粗壮；第二种是小叶展开延迟，叶片较弱。

第三，伞状展开：第一种是小裂片随小叶柄张开而下垂，呈伞状，小裂片展开迟，到完叶期也不能完全展开，叶面积小；第二种是小裂片难展开，似萎缩状。

第四，萎缩展开：整株呈萎缩状，由于展开速度慢且迟，所以虽然小叶展开，但萎缩、小裂片不展开。

第五，病变展开：叶的展开速度极慢，甚至不能展开，大多倒伏死亡。

种芋球茎栽种后，所含营养物质迅速分解供发根、萌芽、出叶及新球茎形成所需。其重量每天约减 1/60，2 个月后，完成换头，7 月中旬，种芋球茎消失。

在顶芽开始分化成复叶的同时，生长点周围活性强的分生组织，形成不定根，向外促生长成弦状根。由于根生长的起始温度只需 10℃～12℃，低于萌芽所需的最低温度，故根的生长比叶芽出土更早更快。

在土壤环境适宜时，根生长得很快。在复叶伸出之前，就已形成比地上部强盛得多的根系，从而为魔芋的下一步旺盛生长打下了坚实的基础。如果种芋芽处有病，则根系长得很差，这样的魔芋即使能存活，也很难长好。发芽期的长短也因每年的气候、种植时期、种芋年龄（大小）等不同而异。

（三）换头期

种芋通过维管组织将其贮藏的养料全部输送给子芋，子芋除用于叶、根生长所需之外，还有一部分剩余养料贮藏于新块茎中。种芋耗尽养料而干瘪，子芋得到种芋的养料而长大，最后脱离种芋，这个新旧转换更替过程称为"换头"（如图 2-5 所示）。魔芋每年以换头的形式生长，但生理年龄却是继承累加的。如果用根状茎来繁殖种芋，那么根状茎的年龄是从零开始的。

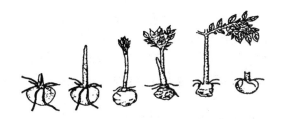

图 2-5　魔芋球茎生长及"换头"过程

换头完成季节在 7 月上旬前后，植株在换头期进入旺盛生长期。叶柄迅速增长，叶面积扩大也快，这对产量的形成至关重要。魔芋叶面积的扩大，既不能靠增加复叶数，也不能靠增加小叶数，唯一的是靠小叶面积增大。新块茎从结构组成上看，它的上部由顶芽的若干个节间长成，下部由顶芽下的分生组织分裂成的原形成层进行细胞分裂和分化而成。新块茎的内部有各组成部分分化出的维管组织。在母芋萌芽长叶的同时，通过维管组织，将母芋的一部分养料输送到子芋，供子芋生长——初生生长（另一部分用于长叶和长根）。

此生长期中，魔芋根的新陈代谢较旺盛，旧根不断死亡，新根不断发生。到 7 月以后，随着叶的生长达到最旺期以后，魔芋新根发生才会逐渐减少。

（四）膨大期

随着生长进程逐渐加快，待换头完成后，子芋摆脱了母芋的生理影响，此时最明显的表现是新块茎的急速增长。从 7 月上旬至 9 月下旬，前后持续时间约有 3 个月。因其营养来源完全靠自身叶片的光合作用，所以在这个阶段延长叶片的光合作用、防止早衰是丰产的关键。换头结束，也是根状茎旺盛萌发的开始时期。新球茎迅速膨大，时间约1个月，8月中旬结束。此期，叶的生长已达到顶点，叶面积也达到峰值并不再增加，叶绿素含量及各种酶活性继续上升，净同化率达到最高，光合产物大量运转积累到球茎中。此期，球茎的鲜重及干物质重分别占全生育期的60%及50%，葡甘聚糖及淀粉也已达到50%以上，同时新根发生量也减少。此过程约为2个月，是决定魔芋产量及品质优劣的关键时期。

（五）成熟期

从9月开始到10月底结束，魔芋球茎的葡甘聚糖等多糖类物质积累减缓，干物质增长速度陡降，叶生长趋于停滞，逐渐枯黄，直至倒伏。根系在9月底停止生长。

这时的魔芋球茎已成熟并进入休眠期。10月上旬起，气温逐渐下降到22℃以下，叶片开始衰老，块茎的生长趋缓，干物质积累减慢。气温下降到15℃以下，叶片逐渐枯黄、倒伏，块茎趋向成熟。干物质的积累尚可延续20天左右，从11月起可以开始陆续收挖。

三、魔芋产量的形成

（一）种球茎大小与新球茎产量形成的关系

1. 种芋重量与新球茎产量形成的关系

随着种球茎重量的增大，其新球茎膨大倍数减小。种植试验表明，种芋从20 g增大到592 g，新球茎的净增重从123 g到1388 g，而膨大倍数从6.15倍减小到2.3倍。

2. 种芋年龄与新球茎产量形成的关系

魔芋随年龄的增加，其种芋干物质增加，叶面积增加，但增加的幅度逐渐减小。新球茎单位叶面积生产干物质减少，膨大倍数减小。因此，建议商品芋生产一般选用2~3年生250~500 g的球茎为宜。种芋过大，回报率低，同时增加了投资风险；种芋过小，单产较低，可出售商品少。

（二）魔芋光合效率对产量形成的影响

魔芋的生物学特性决定了其较低的光合效率。魔芋是一种半阴生的阔叶水平型植株，其群落的叶面积指数在2以下，而消光系数却较大，阳光难以照进群体内部，这两个因素造成光合作用的绝对量低，制约着魔芋产量。例如，魔芋的单位面积群体平均干物质增长速度较低，在生长期中维持4~8 g/(m² · d)，在单位生长时间内与水稻、马铃薯、甘薯、芋头等阳性作物相比，魔芋尚属低产半阴性作物。

第三节　魔芋生长对环境条件的要求

无论从魔芋的起源地，还是从现在的适宜丰产区的环境条件来分析，人们一致认为，魔芋的生长和块茎的形成要求有一个温湿相宜的环境，亦即喜温湿、怕炎热、不耐寒、忌干燥、怕渍水、较耐阴；对土壤要求则是，疏松透性好，土层深厚透水，有机质丰富而肥沃，土质微酸至偏碱（pH 值为 6~7.5）。

影响魔芋生长发育的环境因素主要是温度、光照、水分、土壤 pH 值、土壤养分等。

一、温度

温度是魔芋生长发育的重要因素，它直接影响魔芋的生长速度，影响产量和品质。魔芋喜温暖湿润的气候，其不同发育阶段对温度的要求不同。种芋的最适发芽温度在 22℃~30℃，出苗后魔芋的生长最适温度为 20℃~25℃，适应温度为 5℃~43℃，低于 15℃时有碍生长，低于 0℃，魔芋球茎内细胞冻伤，逐渐死亡。高于 35℃时影响叶的生长和根的发育。高温致死温度为 45℃。魔芋根系生长的最适温度为 20℃~26℃，5℃以下和 35℃以上，根系停止生长。魔芋球茎发育的最适温度为 22℃~30℃，昼夜温差越大，越能促进干物质的积累，增加产量，提高品质。在 0℃ 以下时，会引起其细胞内水分结冰。在魔芋生长季节，若平均气温在 17℃~25℃ 之间的地区，则最适宜种植魔芋。

张兴国等的室内研究表明，解除休眠后，魔芋的芽在 5℃ 的环境下开始缓慢萌动；15℃ 时，芽生长缓慢；15℃ 以上时，芽生长加快但较微弱，出叶时呈卷筒状；20℃~30℃ 时，叶片生长正常；15℃ 以下时，叶片略变黄；35℃ 时，叶略褪色。25℃ 左右时，叶片叶绿素含量最高，光合作用最强；低于 15℃、高于 30℃ 时，光合作用均较低。块茎含水量高时，在 −1℃~0℃ 受冻，块茎理想的贮藏温度为 8℃~10℃。

据各地报道，魔芋丰产区多在海拔 800~1400 m 的地域。据统计该海拔高度的年均温为 11℃ 左右，7—8 月平均温度为 21℃~23℃，大于或等于 10℃ 的生长积温为 3500℃ 左右（我国其他主产区和日本等魔芋适生区年均温为 12℃~14℃，甚至更高。大于或等于 10℃ 年积温为 4000℃ 以上）。湖北主产区地处北纬 30°~32°，所以花魔芋宜选海拔 800~1200 m 为主产适生区。海拔 800~1000 m 应充分注意遮阴（含地面）降温避病；海拔 1200 m 以上地区应提倡催芽和地膜栽培，不必考虑遮阴，以净作为好。海拔 1400~1600 m 以上地区积温不足，冬季贮种困难，不提倡发展。

二、光照

魔芋为半阴性作物，光饱和点较低，为 20~23klx，光补偿点为 2klx，喜散射光、弱光、忌强光。无论花魔芋、白魔芋，其光合作用效率均低，不及阳性作物的一半，这是造成魔芋增重系数低、鲜产量及干物质产量都不及阳性作物的原

因之一。在低海拔地区，还可因长时间的强光照引起叶面温度升高，达40℃以上时就会发生日灼烧病。强光照还会降低魔芋的叶绿素含量，降低光合作用的效率。由于阳光可转化成热，夏季的烈日下必然加剧升温，造成高温危害。在高温下，叶片和根均会因受到伤害而降低抵抗力，为病菌的侵染和发病创造了条件，这是造成低山不适合种魔芋、魔芋病害特别重的原因。因此，魔芋栽培很强调地上遮阴和地面覆盖。

魔芋不同种之间的光合性能有较大的差异，花魔芋比白魔芋在相同生育期的净光合强度高1倍，但比同科阳性作物的低22％。

在日照较短、较弱且温度也较低的地区，通过遮阴，地面温度下降，发病率明显降低。但过度遮阴，产量反而下降，以采用40％～60％的荫蔽度为好。

目前解决魔芋的遮阴，大多与玉米、经济林套种，但海拔1200 m以上地区则可以净作。

三、水分

水分与魔芋生长的关系密切，魔芋的生理活动都需要水分的参与，这包括空气湿度与土壤水分两个方面。魔芋喜湿润，生长季节内需要雨水均匀充沛。在生长前期和球茎膨大期，需要较高的湿度，土壤含水量以80％为宜；在生长后期，要适当控制水分，土壤含水量以60％左右为最好。水分过重，影响根的呼吸，严重时引起死亡，引发病害。干旱同样也会引起根毛和根死亡，使叶片枯黄，叶柄干缩，造成严重减产。水分对魔芋结实也有重大影响，盛花期的空气湿度在80％以上时，才能结实，一旦低于80％，结实率极低。所以，秋旱是造成低海拔地区不利于发展魔芋种植的又一重要原因。另一种情况是地下水位过高，土壤含水量过多，造成土壤通气条件差，也会导致根系呼吸作用减弱，甚至停止，阻碍根系对土壤中各种养分的吸收。

四、土壤 pH 值

魔芋喜欢微酸性（pH值为6～6.5）的土壤环境，但也能耐微碱性（pH值为7.5）环境。因为许多土传病菌也喜欢酸性环境而不适应碱性环境，并且酸性土壤中容易引起磷、钙、镁元素的缺乏，碱性土壤又阻碍魔芋的生长，所以给魔芋生长创造一个中性、微碱性（pH值为7～7.5）的土壤环境，既不影响魔芋生长又能较好起到防病作用。生产上应用火土灰（碱性），或整地时适量施入石灰（视土壤pH值而定），或发病时田间撒施生石灰、草木灰（碱性）等方法来提高土壤碱性。pH值最高不能高于8.2，碱性土壤对魔芋生长反而有害；最低不能低于5.5，在酸性土壤中魔芋易染软腐病。

五、土壤养分

土壤是植物生长发育的基础。魔芋在生长过程中，需要土壤为其不断提供水分、养分、空气和温度。土壤的质地会影响水、肥、气、热等条件的优劣，土壤中的有机质也会影响魔芋的生长发育。魔芋喜深厚疏松、通气排水好、富含有机质的轻沙壤土。选择栽培魔芋的地块还要考虑其前茬作物，若前茬作物为西红柿、辣椒、茄子等茄科作物，留有白绢病、根腐病、软腐病病史的，应对地块采取消毒杀菌措施。每亩（1 亩＝667m²）地用三元消毒粉处理（50 kg 石灰粉＋50 kg 草木灰＋2 kg 硫黄粉）。

魔芋是一种喜肥作物，由于其根系分布浅，吸肥力又弱，因而要求有较充足的肥料。有机肥养分全，还能起到松土作用，但有机肥未腐熟好时也易引起病害。

魔芋植株在整个生育期中，需要从土壤中吸收氮、磷、钾、钙、镁、硫、铁、硼、锰、锌、钼等养分，其中以氮、磷、钾的需求量较大。这三种肥料中，以吸收钾肥最多，氮肥次之，磷肥最少。此外不同生长阶段对氮、磷、钾的需求量也有所不同，换头期前需求量小，球茎膨大期达到最高，成熟期时最低。氮、磷、钾的比例应为钾＞氮＞磷，应重视钾肥的补充。由于魔芋的生长规律是先长营养体，再进行养料的制造和积累，一个植株只有一片叶，这片叶长大后，1 年内就不再长叶了。所以，肥料供应要以前期为重点，通过重施底肥、早施追肥保证前期有充足的"肥料"来长好叶、根。后期块茎的急剧增重，主要是碳水化合物，是水和二氧化碳通过光合作用合成的，而不是从土壤中吸收养分得来的。这阶段的土壤养分主要用于植物新陈代谢的维持，与产量增加的直接关系不大，所以基本上是一个维持量的供应。因此，要采用重施底肥、早施追肥、适量补施防早衰肥的措施，但在补施防早衰肥时，应把握"不缺肥，就不施肥"的原则。此外，魔芋属忌氯化物的植物，所以魔芋要避免施用含氯化钾的复混肥或其他专用肥。

六、风及其他条件

魔芋在生长期时对风力有一定的适应性，但大风易折断叶柄和叶片，使植株失去唯一的功能叶，对产量的影响极大。魔芋怕强风，却又需要微风，选择地块时要考虑通风条件。山区应避开山巅、陡坡，结合光照和荫蔽条件，考虑坡的朝向、坡度和海拔高度，以及怎样防暴雨对地表及魔芋植株的冲刷等，来选择适宜魔芋种植的地块。

因此，在魔芋栽培各个关键环节上，要尽量满足魔芋最佳生长条件，科学精细管理，才能达到魔芋生产高产高效的目标。

第四节　魔芋的栽培品种

在我国所栽培的魔芋品种中，最重要的品种是花魔芋和白魔芋。花魔芋自古栽培，从秦岭山区向南，各处都有花魔芋；白魔芋是 1984 年才正式命名的，仅分布在金沙江河谷地带的四川凉山地区和云南昭通地区，其品质和价格优于花魔芋，但产量比花魔芋低。其他魔芋品种如广西田阳魔芋仅在广西小范围栽培，云南西盟魔芋和株芽魔芋正在由野生转向人工驯化栽培。

全世界魔芋属的植物有 170 种，我国有 20 种，其中 9 种为我国的特有种，可供食用的有 11 种，已广泛栽培的有 6 种，即花魔芋（A. rivieri Durieu）、白魔芋（A. albus. P. Y. liuetJ. F. Chen）、滇魔芋（A. yunnangnsis Engl.）、东川魔芋（A. Mairei levl）、疏毛魔芋（A. sinensis Belval）和疣柄魔芋（A. virosn N. E. Brown）。花魔芋在我国分布最广，白魔芋主要分布在金沙江流域，滇魔芋及东川魔芋分布在云南，疏毛魔芋分布在江苏、浙江及福建大部分地区，疣柄魔芋分布在广东、广西。据国外报道，魔芋不同种的染色体数为 $2n=2x=26$，或 $2n=3x=39$，或 $2n=2x=28$ 等。我国学者对我国的 11 种魔芋的染色体进行了研究，认为除疣柄魔芋为 $2n=2x=28$ 以外，其余 10 种均为 $2n=2x=26$。

现将我国种植较多且可供食用的 14 种魔芋简介如下。

一、花魔芋

花魔芋又叫作蒜头、鬼芋、花梗莲、花伞把、花秆莲、麻芋子、花秆南星、天南星、花麻蛇等，适宜在海拔 800~2500 m 或更高的地区种植，其分布范围广泛，从我国陕西、宁夏到江南各地，以及喜马拉雅山山地至泰国、越南都有分布，是我国魔芋栽培的主要品种。花魔芋叶柄长 10~150 cm，横径 0.3~7 cm，黄绿色或浅红色，光滑，有绿褐色及白色相间的斑块；叶柄基部有膜质鳞片 4~7 枚，披针形，粉红色。叶绿色，3 裂，小裂片数随植株年龄的增加而加多；小裂片互生，大小不等，长圆形至椭圆形。花序柄长 40~70 cm，粗 1.5~4 cm。佛焰苞漏斗形，管部长 6~13 cm，延部长 15~30 cm，渐尖；佛焰苞外表苍绿色，含暗绿色斑块，里面深紫红色。花序比佛焰苞约长 1 倍；雌花序圆柱形，附属器剑形，紫红色。花期为 4—6 月份。浆果，椭圆形，初为绿色，成熟后嫩红色。块茎扁球形，直径 0.7~25 cm 或以上，高 5~13 cm；顶部中央下凹，下陷处暗红褐色；凹沿周围密生着纤维状须根，凹沿至球茎中部，散生数条形状不规则的根状茎；其表皮暗褐色，肉白色，有时微红色。主芽高 3~5 cm，粗 2~5 cm，红褐色。一般商品花魔芋块茎重 0.5~2.5 kg，为食用、药用或工业用的品种。花魔芋产量高，精粉黏度高，但怕热，易感病，种植风险大，因而不适宜在低海拔区域推广。

二、白魔芋

白魔芋适宜在 800 m 以下的低海拔地区种植，主产区为云南省昭通地区及四川省的大、小凉山，贵州省的金沙、威宁也有分布。白魔芋叶柄长 10～40 cm，横径 0.3～2 cm，淡绿色、绿色或红色，光滑，有白色或草绿色小斑块；叶柄基部膜质鳞片 4～7 枚，披针形。佛焰苞船形，淡绿色，无斑块。花序与佛焰苞等大；雌花序淡绿色，附属器圆锥形，黄色。块茎较小，一般重 0.5 kg，产量比花魔芋低。但白魔芋的肉质洁白，含水量少，商品价值高，很有发展前途。

三、疣柄魔芋

疣柄魔芋又叫作南星头、南芋。其叶柄长 50～80 cm，深绿色，具疣凸，较粗糙，有苍白色斑块。叶全裂。花序柄及花序粗而短，长 3～5 cm，粗 2～3 cm。佛焰苞绿色，具紫色条纹和绿白色斑块。花序短于佛焰苞，有臭味；附属器青紫色，顶部钝圆，基部长粗近等；柱头 2 裂，被短腺毛。花期为 4—5 月份。浆果椭圆形，长 2.5～3 cm，10—11 月份成熟，紫红色。块茎扁球形，直径可达 20 cm，高 10 cm，富含淀粉，可加工制成食品和工业用的粘胶剂。疣柄魔芋主产于广东、广西及云南南部海拔 750 m 以下的热带地区，多见于灌木丛中。越南、老挝、泰国也有分布。

四、疏毛魔芋

疏毛魔芋又叫作土半夏、鬼蜡烛、蛇头草。叶柄长 150 cm，绿色，光滑，具白色斑块；基部鳞片 2 枚，上有青紫色或淡红色斑块。叶片 3 裂，小裂片长 6～10 cm。花序柄长 25～45 cm，花序长 10～22 cm。佛焰苞淡绿色，外具白色斑块。花序略长于佛焰苞；附属器长圆锥形，深紫色，上生长约 1 cm 的紫色硬毛；花柱不明显。花期为 5 月份。浆果红色转蓝色，9 月份成熟。块茎扁球形，直径 5～20 cm，为药用、食用或工业用的品种。该品种为我国特有，主产于江苏、浙江、上海、福建等海拔 800 m 以下的地区。

五、南蛇棒

叶柄直立，长 50～70 cm，表面具暗绿色小块斑点。花序柄长 23～60 cm，佛焰苞绿色，肉穗花序长度为佛焰苞长度的 3/4；附属器黄绿色，纺锤形，长 4.5～14 cm，子房倒卵形。花期为 3—4 月份。浆果球形，蓝色，7—8 月份成熟。块茎扁球形，直径 4.5～13 cm，顶部扁平不下凹，密生不定根，以药用为主。该品种主产于湖南、广西、广东及沿海岛屿和云南南部，多生于海拔 270～800 m 的阴湿地带或林下。

六、蛇枪头

叶柄直立，长 25～60 cm，苍白色，光滑，具不规则的灰褐色斑块。花序柄长 30～60 cm，肉穗花序与佛焰苞近等长；花柱长于子房。花期为 4—5 月份。浆果蓝色，9 月份成熟。地下块茎球形，直径 4.5 cm 左右，属药用品种。

该品种为我国特有，主产于广东、广西海拔 1000 m 以下地带及林下。

七、天心

叶柄直立，长 20～25 cm，表面光滑，玫瑰红色，具绿紫色斑块。花序柄长 4～8 cm，佛焰苞倒阔钟形，肉穗花序略短于佛焰苞；附属器近球形，顶扁，上有疣凸。花期为 4 月份。块茎球形，顶部扁平下凹，直径 6 cm，以药用为主。

该品种主产于我国云南和泰国，多生于河岸草丛中，其花很有观赏价值。

八、珠芽魔芋

叶柄直立，长 100 cm，粗 1.5～3 cm，表面光滑，浅黄色，具不规则的苍白色斑纹；叶柄顶部有珠芽 1 枚，球形，暗紫色。花序柄长 25～30 cm，佛焰苞倒钟状，内红外绿；肉穗花序略长于佛焰苞；子房扁球形，柱头无柄，呈宽盘状，雄蕊倒卵圆形。花期为 5 月份。块茎球形，直径 5～8 cm，密生根状茎及纤维状分枝须根，主供药用。葡甘聚糖含量、精粉黏度等指标均优，在基地试种，还具有抗病耐热的突出优势，可将适宜种植区扩大到更低海拔区域。

该品种分布于孟加拉、印度、缅甸等国，我国云南西双版纳、江城等地也有，分布的海拔高度可达 1500 m，人多生于海拔 300～800 m 的沟谷雨林中。

九、滇魔芋

叶柄直立，长 100 cm。绿色，表面具绿白色斑块。花序柄长 25～40 cm，肉穗花序柄长度为佛焰苞长度的 1/3～1/2，佛焰苞具绿白色斑点；附属器乳白色，长 3.8～5 cm，子房球形，柱头点状。花期为 4—5 月份。块茎球形，直径 4～7 cm，顶部下凹，有肉质须根，主供药用。

该品种产于我国广西、贵州、云南及泰国北部。

十、甜魔芋

甜魔芋为我国特有，产于云南西双版纳、临沧、德宏等地。块茎几乎不含葡甘聚糖，且不含多甲基氨类物质，不加石灰水或碱即可直接煮食，味如芋头，稍甜，但不能用来加工精粉和做魔芋豆腐。

十一、桂平魔芋

花序和叶同时存在。该品种的老叶柄末端及 1 次裂片末端常膨大形成小球茎，其小球茎栽植后均能长出具 1 枚 3 裂叶的植株。

十二、万源花魔芋

万源花魔芋是 20 世纪 80 年代后期从各地花魔芋品种中优选出的品种，1993年通过四川省农作物品种审定委员会审定。该品种已成为大巴山区的主导品种。

万源花魔芋生长势强，叶绿色，三全裂，裂片羽状分裂或二次羽状分裂，或二歧分裂后再羽化分裂，最后的小裂片呈长圆形而锐尖。叶柄具粉底黑斑。3 年生植株高 86.5 cm，叶柄长 46.7 cm，叶柄直径 2.7 cm，开张度 70.9 cm。球茎近圆形，表皮黄褐色，有黑褐色小斑点，球茎内部组织白色。从出苗至成熟倒苗约 135 天，偏晚熟。平均产量 29659.5 kg/hm²，比对照品种屏山花魔芋增产15.21%。鲜魔芋含干物质 20.5%～21.3%，干物质中含葡甘聚糖 58.7%～59.2%，品质好。抗病性优于对照品种，软腐病和白绢病的发病率均低于对照品种。

万源花魔芋适宜在四川盆地周围山区海拔 500～1300 m 的区域种植。4 月中旬至 5 月上旬选晴天播种。播种前要严格挑除带病伤种芋，各种操作及运种环节均需要轻拿轻放，严禁碰伤种芋。播种前重施基肥，包括各种腐熟农家有机肥75000 kg/hm²，长效复合肥 750 kg/hm²。播种时种子、肥隔离。50～100 g 的种芋密度为 45000 株/公顷，100～250 g 的种芋密度为 30000 株/公顷，250～500 g的种芋密度为 15000 株/公顷。高畦排水，魔芋出土后，及时除草、追施提苗肥、培土、厢面盖草，并将 1000 万单位农用链霉素对水 150 L 灌窝，或对水 20 L 喷洒于魔芋叶面，以预防软腐病。田间适当种植玉米遮阴。10 月底选晴天收挖，商品芋及时销售。要注意保护种芋，避免收挖时碰伤。精选种芋，做好通风透气预处理和后期越冬保温贮藏工作。

十三、云南红魔芋

云南红魔芋是 2003 年从珠芽魔芋（*Amorphophallus bulbifer*）中选育出的新品种，由云南德宏梁河魔芋制品公司和中国科学院昆明植物研究所共同选育。

云南红魔芋属多年生草本植物。块茎扁球形，顶部中央凹陷，具一肉红色的顶芽；块茎表面红褐色，横切面粉红色；根肉质或纤维质，粉红色。由于其块茎表面、横切面、顶芽和根均带红色，故俗称"红魔芋"。植株高 1.4～2.2 m。叶柄光滑，下部墨绿色并具少数不规则苍白色斑块或墨绿色条纹，上部黄绿色。幼叶边缘紫红色，成年植株叶片三裂后作二歧分裂，小裂片互生、大小不等，先端渐狭具尾尖，主脉粗大具脉沟，侧脉在边缘联合后形成集合脉。叶柄顶部和二叉分裂处具珠芽。花期为 4—6 月份。佛焰苞花序高 30～60 cm。佛焰苞直立、漏斗状，外面淡红色并具墨绿色斑点，内面粉红色，基部鲜艳且分布有红色疣凸。肉穗花序短于佛焰苞，雌花序粉红色，雄花序淡红色，附属器卵圆形、黄白色；雌蕊子房粉红色、扁球形，柱头有柄。雄蕊顶端截平、粉红色，其余为黄白色。

该品种生育期为 207～215 天，在相同自然条件下比花魔芋早熟 20～30 天。平均每亩产鲜芋 2151.7 kg（最高达到 2751.9 kg），比花魔芋增产 225.7%，比白魔芋增产 171.4%。抗病（软腐病、白绢病）试验表明，云南红魔芋的抗病性远高于作为对照品种的西盟魔芋（*Amorphophllus Ximengensis*）、白魔芋和花魔芋，其染病率分别为 15%、30% 和 57%，而云南红魔芋的染病率仅为 5.5%。以云南红魔芋块茎加工成的魔芋精粉，品质优良，达到国家质量体系中的一级标准。云南红魔芋喜阴，宜与果树或其他高秆作物间作。在果园、高秆作物（如玉米、高粱）旱地，选择阴湿而不积水、土层深厚、土质疏松、通气性良好、富含有机质的沙壤土，pH 值为 6～7，翻耕深度 20～30 cm，在果园或高秆作物株行距间开沟、做垄。

云南红魔芋适宜施用腐熟有机肥。基肥应深施，深度以播种后不与种芋接触为宜。其每亩用量为 2500～3000 kg，占总施肥量的 80% 左右。可采用混施与穴施两种方式，前者与土壤充分混合，后者直接施于种芋穴内。

宜选用 50～150 g 的块茎作为种芋，对较大的块茎可采用切块的方法扩大繁殖系数。种芋的大小决定播种的密度，种芋或切块较小时应稍加密植。每亩需用种芋 200～350 kg。

必须对种芋或其切块消毒。可用一定浓度的福尔马林、硫酸铜、高锰酸钾溶液或清石灰水浸泡，时间以 5～20 分钟为宜。

2 月下旬至 3 月中旬定植。播种前最好对种芋进行催芽。新根即将萌发时，是播种的最佳时期。为了避免雨水在种芋顶芽凹陷处积留而导致烂种，播种时应将幼芽倾斜向上，但不能将芽倒置。播种深度为 5～8 cm，行株距 20 cm×40 cm。

播种后应对地表进行覆盖，覆盖材料可选用麦秸、稻草、野干草等。在大田种植时，如果未与果树或高秆作物间作，则需要采用人工方法遮阴，搭建棚的高度以 2 m 为宜。云南红魔芋发病率低，但一旦发现病情，应及时采取措施，趁早消灭病株。除草宜用人工拔除。在 6 月份和 8 月份各施 1 次追肥。浇水在播种后进行，平时注意防涝和水淹。

一般在 10—11 月份收挖。收挖前清除覆盖物，用二齿钉耙对准叶柄留下的印记逐窝挖收，尽量减少损伤。

十四、清江花魔芋

清江花魔芋是从武陵山区 14 份魔芋地方品种中筛选出的优良品种。2003 年 12 月通过湖北省恩施土家族苗族自治州农作物品种审定小组审定。清江花魔芋具有出苗早、整齐、出苗率高的特点，田间长势壮，株形呈"Y"字形，农艺抗病性状优。该品种适应性强，产量高，品质好，较抗软腐病。

第三章　魔芋栽培技术及病虫害防治

第一节　魔芋栽培关键技术

魔芋是近年来大面积规模化种植的特种经济作物，因而对其栽培技术要有较高的要求。在长期的实践探索中，笔者总结出了下列一些魔芋栽培关键技术，即魔芋种植地的选择要求与处理、魔芋种芋精选处理、魔芋基肥科学施用、魔芋适时播种、魔芋田间管理和魔芋收挖最佳时期。只有掌握了这些魔芋栽培关键技术，才能获得魔芋的高产稳产。

一、魔芋种植地的选择要求与处理

（一）魔芋种植地的选择要求

首先，要选择在适合魔芋种植的区划内栽种，这是对魔芋种植的最基本要求；其次，要获得魔芋高产稳产，就必须要有适应魔芋生长的土壤环境，以满足魔芋在生长过程中从土壤里吸取水、气、养分。魔芋高产田的土壤条件如下：

第一，耕作层深厚。魔芋为块茎作物，耕作层的深浅对魔芋产量影响较大，因此种植魔芋的土层深度应要求 30 cm 以上。

第二，土壤微酸性。魔芋高产田的土壤 pH 值为 6～6.5 比较好。过酸则魔芋软腐病、魔芋白绢病等发生严重，过碱则严重影响魔芋植株生长和魔芋块茎的膨大。

第三，土壤肥沃、透气、保水、保肥。魔芋是一种需肥、需水量大的作物，不仅要求魔芋田的土壤肥沃，而且要求其结构好，疏松透气。这样，既有利于土壤贮水和透水，又有利于土壤微生物活动，把土壤中的有机质转化成腐殖质，积累养分，满足魔芋生长对肥、水的要求。

第四，排灌方便。魔芋既需要水，又怕渍水。如果渍水，则魔芋生长会受到严重影响，容易导致魔芋病害的发生，特别是魔芋软腐病等，将对魔芋生产造成毁灭性损失。

第五，地势平坦或坡度小于 25°，切忌选择低洼地。土地平坦或较小坡度，可防止土、肥、水流失，提高土壤蓄水、保水、保墒的能力，充分发挥土、肥、水的增产作用。土地平整有利于整地、播种、田间管理的顺利进行，同时确保出苗整齐一致，苗壮苗齐，稳产高产。

第六，土壤环境气温条件应符合 GB/T 15618 规定，即 5—10 月的月平均气温不低于 14℃，7—8 月的月平均气温不超过 30℃。

第七，环境空气质量符合 GB 3095 规定，农田灌溉水质符合 GB 5084 规定。

第八，选择空气湿度为 80%～85% 的半阴半阳或光照充足的高山和二高山地区。

第九，选择轮作田且实行间套作制度。首先，轮作可防治病虫害。选择前茬为禾本科作物（如玉米）的田块，避免选择魔芋连作田。注意不要与辣椒、西红柿、茄子、马铃薯、甘蓝、白菜、萝卜、烟叶、茶叶等作物连作或间作或套种，因为魔芋软腐病等主要病害，既是种传病害，也是土传病害，且魔芋与辣椒、西红柿、茄子、马铃薯等作物存在共同病原。其次，间作套种可起多种作用。在较低海拔地区可起遮阴作用，满足魔芋所需的半阴半阳生长环境；可充分利用空间、时间、光能和地力，合理利用土地，提高土壤肥力，改善土壤理化性质；可增加复种指数，调剂作物种类，提高作物总产量和增加经济效益。

（二）魔芋种植地的处理

第一，深耕冻土。前作收获后，在冬季前进行深翻，把田间病原菌埋于 30 cm 以下的土壤中。第二年春季进行第二次深耕时，撒施适量生石灰（每亩撒施生石灰 50 kg）或进行土壤消毒处理。

第二，土壤消毒处理。采用土壤三元消毒粉（三元消毒粉配方：硫黄粉、生石灰、草木灰按 2∶50∶50 比例混合均匀），按每亩撒施消毒粉 50 kg，在播种前进行。

第三，整地。翻耕细整，开厢理沟，注意开厢的宽度可根据各地种植水平和习惯，但对于有坡度田块其开厢方向要从上往下，这样有利于排水。

二、魔芋种芋精选处理

（一）品种选择

不同地区应采用不同品种，当前大面积推广栽培的是花魔芋，少量的是白魔芋。而花魔芋中，又以万源花魔芋、清江花魔芋等地方品种为主。

（二）种芋来源

农家种芋来源主要有两个途径，即自繁和从外地购种。由于魔芋是一种繁殖系数小、需种量大、比较难于运输和贮藏的特种经济作物，在起初发展阶段，可适当从其他魔芋产区购种调入；在大规模发展阶段，应以自繁为主、从外地购种为辅。

1. 自繁留种

（1）建立专门的种芋繁殖田进行育种。其方法可采用根状茎繁殖法、小球茎繁殖法、切块繁殖法等。

（2）从商品魔芋田中选留种芋。在收获魔芋时，可将 500 g 以下优质魔芋按大小分级单独留作种芋贮藏。将 250～500 g 魔芋作为来年生产商品魔芋的种源，而 250 g 以下的小魔芋球茎及根状茎作为来年生产种芋的种源。

（3）将隔魔芋收挖后留作种芋。隔魔芋就是前一年收挖商品魔芋后遗留在田间的小魔芋在第二年生长出的魔芋，也就是自生苗魔芋。在种芋比较缺乏时，这也是一种不错的种芋来源。

2. 从外地购种

这是在魔芋栽培新区适度规模发展时所采用的重要途径。从外地购种要坚持如下几个原则：

（1）要坚持有计划、有目的的购种调种原则，切不要盲目大调大运。当前和今后较长一段时间，魔芋病害仍将是限制魔芋生产快速发展的瓶颈，魔芋主要通过种芋带菌而长距离传播魔芋病害。由于魔芋种芋在运输路途中很容易受到机械损伤，加上魔芋本身不同程度带菌，因而在调入大量种芋时其质量难以得到保证，这样极易造成种芋调入地魔芋病害大发生、大流行，给魔芋生产及产业发展带来严重隐患。

（2）要坚持主要种芋繁殖的原则。在魔芋栽培新区，由于需种量大，要大面积发展商品芋，一次性用种成本大，老百姓难以接受。若采取购种再自繁的方式，则不但可降低用种成本，而且可降低种植风险。

（3）要坚持从种植水平比较高、病害发生比较轻的较高海拔地方购种调种的原则。魔芋种植技术水平较高以及海拔较高地区，魔芋病害相对发生比较轻，从这些地方调种，种子质量有了基本保障。

（4）要坚持尽量购买 250 g 以下的小魔芋作种，越小越好，并按大、中、小分类放置的原则。由于小魔芋生命力旺盛，单位重量的小魔芋个数多，这样购买小魔芋作种，不但可降低成本，而且可提高调种效益，加快种芋调入地魔芋种植的发展。此外，因魔芋种芋大小不同、含水量不同，采取的运输、贮藏和种植生产管理方法也有所差异，所以在调种过程中最好分大小放置。

（5）要坚持选择无病无伤及外形规范的魔芋作种的原则。要求种芋无病无伤及外形规范，可基本保证调入魔芋种芋的质量。这点务必牢牢把握，切不可掉以轻心，否则很容易造成种芋调入地不仅魔芋产量低，而且也很容易引起病害流行蔓延。

（6）运输时要坚持采用合理包装，预防在运输途中对魔芋产生伤害的原则。魔芋产区一般是交通不便的山区，道路颠簸，导致魔芋在运输路途中很容易相互挤压、碰撞而受伤害，给魔芋病害以可乘之机，因此在运输时一定要注意合理包装。可用盛装水果的竹筐、塑料筐或其他容器进行包装运输，在筐或容器底部和魔芋种间应放适量稻草或茅草，减少种芋相互挤压、碰撞。

（三）种芋精选

按照魔芋种芋良种标准，采用两次精选法，即分别在种芋贮藏之前进行第一次精选以及种芋播种之前进行第二次精选，以确保选用无病无伤优良种芋作种源。同时，按照种芋大、中、小分开放置和分开处理，便于分开播种和管理。

对于局部腐烂或有机械损伤的种芋，可用较锋利的刀片切除伤病组织，再用药剂处理。对这部分种芋采取单独种植、单独管理。

（四）种芋消毒处理

一般情况下，种芋应先经太阳暴晒1~2天后，再选用药剂进行浸种消毒处理或进行粉衣消毒处理。种芋经太阳暴晒既可起到利用太阳紫外线杀菌的作用，也可促进魔芋主芽萌动、提高种芋的生命活力的作用。对种芋进行药剂浸种消毒处理是魔芋栽培及病害防治上常采用的基本措施，在实际操作中一定要因地制宜地选择好药剂配方和方法。下面的配方和方法有效、经济、方便，可选择其中任何一种配方和方法。

第一，75％百菌清可湿性粉剂500倍与72％农用硫酸链霉素可湿性粉剂1500倍混合液浸泡30分钟。

第二，20％生石灰乳浸泡20分钟。

第三，77％可杀得可湿性粉剂1000倍与72％农用硫酸链霉素可湿性粉剂1500倍混合液浸泡30分钟。

第四，50％多菌灵可湿性粉剂500倍液或50％甲基托布津粉剂500倍液浸种30分钟。

第五，硝基黄腐酸盐600倍与50％退菌特可湿性粉剂800倍混合液浸泡30分钟。

第六，用600倍硝基黄腐酸盐与40％杜邦福星800倍混合液浸泡30分钟。

第七，采用"三元消毒粉"粉衣（三元消毒粉配方见前述）。其消毒方法是，将种芋表面均匀裹上一层三元消毒粉即可；或者采用50％甲基托布津可湿性粉剂（或采用50％多菌灵可湿性粉剂）进行种芋粉衣消毒处理。

魔芋种芋在浸种过程中，应注意避免其受伤害。为此，可先将种芋装入竹篮后一并浸种，达到浸种时间后将种芋连同篮子一起捞出，待晾干后即可播种。

三、魔芋基肥科学施用

（一）基肥种类

魔芋种植过程中使用的基肥包括农家肥、商品复混肥或魔芋专用肥等。

（二）基肥施肥量

播种前重施基肥，每亩施农家肥 2500～5000 kg、复混肥或魔芋专用肥50～80 kg。

（三）基肥准备及要求

基肥所用的农家肥必须充分腐熟，以达到大量杀死农家肥中的病原微生物及草籽、提高肥效的目的。农家肥采取堆肥办法加以腐熟，即在每年元月份前将猪栏粪等农家肥运到魔芋田间地头，呈圆锥形堆放（高1.5 m以上），压实，然后在表面涂满一层约5 cm厚的泥巴，或用塑料薄膜将农家肥盖实，确保农家肥密封，让其自然升温发酵，使农家肥充分腐熟。

由于魔芋对氯离子敏感，所以必须采用硫酸钾型魔芋专用肥或硫酸钾型复混肥，切忌使用氯化钾型专用肥或氯化钾型复混肥。

（四）基肥施用方法

施用基肥应因地制宜，可根据不同情况选择采用先施肥后播种（种在肥上）、先播种后施肥（种在肥下）、边播种边施肥（种在肥间）等基肥施用方法。

1. 先施肥后播种（种在肥上）

如图3-1（a）所示，整田后先挖深12～15 cm沟，然后在沟底施农家肥，再在农家肥表面施专用肥或复混肥，接着再盖3 cm厚的土，并放种芋（主芽斜向上，下同），最后盖土起垄。这种施肥方法适合腐熟不够彻底且用量大的农家肥的施用。在魔芋病害发生流行较重的地区，适宜采取这一施肥方法。

2. 先播种后施肥（种在肥下）

如图3-1（b）所示，整田后先挖10 cm深的沟，然后播种，接着再将农家肥盖在种芋上面，再将专用肥或复混肥撒施在农家肥上，最后盖土起垄。这种方法适合腐熟彻底且肥量大的农家肥施用。

3. 边播种边施肥（种在肥间）

如图3-1（c）所示，整田后先挖10 cm深的沟，先将种芋按要求放入沟内，同时在种芋之间点施农家肥，然后在农家肥上或种植行旁撒施专用肥或复混肥，最后盖土起垄。这种方法适合中等农家肥量的施用。

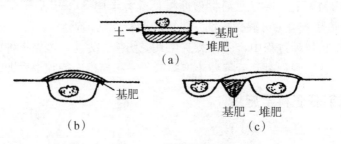

图3-1　基肥施用方法

四、魔芋适时播种

（一）播种时间

总的要求是适时播种。适时播种是指品种在一个地区正常发育而获得高产的播种期，魔芋产区因纬度和海拔高度不同可选择不同的播种期。魔芋是一种可边收获边播种的作物，但为了获得高产，减少冻害和病害损失，一般采用春播，即在 3 月底至 4 月上中旬，或当地表以下 10 cm 的地温在 5 日内平均温度达到 10℃以上时，开始播种。在冬季气候温和无霜冻或霜冻轻微的低山地带可采取冬播，即在魔芋收获的当年 11—12 月播种。从湖北产区来看，一般选在 3 月底到 4 月上中旬播种为宜。

（二）播种密度

根据种芋大小来确定播种规格及播种量（见表 3-1）。

表 3-1　魔芋播种规格及播种量参考表

种芋重（g）	株距（cm）	行距（cm）	密度（株/亩）	播种量（千克/亩）
100	60	20～25	4447～5558	445～556
150	60	25～31	3586～4447	538～667
200	60	35～38	2925～3176	585～635
300	60	45～50	2223～2470	667～741
400	60	50～55	2021～2223	808～889
500	60	55～60	1853～2021	927～1011

注：1. 此表为商品芋生产的种植规格及播种量参考值。但为了提高单产可适当密植，即株距、行距分别在上述基础上调减 5 cm 左右。在实际操作过程中，魔芋播种密度一般以种芋球茎横径的 4 倍为株距、6 倍为行距，以根状茎横径的 7 倍为株距、14 倍为行距。决定栽植距离时，对于向南斜坡或较低海拔处，宜稍密植；在高寒地区，日照较少，宜稍稀植。花魔芋生长势旺，宜稍稀植；白魔芋植株矮小，生长势较弱，宜稍密植。

2. 种芋在 100 g 以下的采取密植栽培。

（三）播种方法

为了有效防治魔芋病害，应采取先施肥后播种的方法。具体播种方法是：先开沟，施农家肥（施肥量见前述），再撒施魔芋专用肥或硫酸钾型复混肥（氮∶磷∶钾为 10∶8∶12），并在肥料上撒施一层薄土，然后放种芋。放球形种芋时，应将种芋的主芽朝上并向东方微倾；放根状茎种芋时，应将芋头芽向上且基部插入土壤中，最后盖土起垄。

五、魔芋田间管理

(一) 除草

魔芋田间主要草害有繁缕、辣蓼、灰天苋、三叶草、水蒿、竹节草等。这些杂草与魔芋争肥争养分，影响魔芋根系和块茎的正常生长，是造成魔芋减产的重要原因之一。

1. 整田及苗前除草

在种植田耕整前 7～10 天以及在 5 月底或 6 月初魔芋出苗前，可选用 20％克无踪水剂 600 倍液，或 30％飞达可湿性粉剂 500 倍液，或 10％草甘膦 250 倍液，进行田间喷雾除草。

2. 苗后除草

魔芋出苗后至封行前，可进行人工除草。除草时，务必注意防止魔芋植株及根系受到伤害。

(二) 追肥

1. 追肥作用

魔芋是一种需肥水量特别大的作物，除重施基肥外，在生长期还要适时追肥。追肥能促进魔芋植株生长，增强魔芋的生长势，有利于提高魔芋抗病能力，有利于魔芋块茎的膨大，从而有利于提高魔芋的产量。

2. 追肥方法

(1) 根部追肥方法。魔芋出苗后，需要进行根部追肥，即把商品肥（尿素等）均匀撒施在魔芋株行间。但切忌肥料接触叶柄基部，或把肥料撒在魔芋叶片上或弄伤魔芋植株，否则会导致魔芋叶烧病和其他病害发生。

(2) 叶面追肥方法。在进行魔芋病虫害药剂防治时，配制好药剂后，再将叶面肥按浓度要求与药剂混合均匀，进行喷施。喷施时叶面叶背应喷洒均匀，切忌在施药过程中伤害魔芋。

3. 追肥时间与追肥量或浓度

魔芋出苗后，于 7 月上旬、8 月上旬分两次进行根部追施尿素，每亩每次追施 5～8 kg。7 月中旬以后，每 20～25 天选用颗粒丰（1000 倍液）或磷酸二氢钾（0.5％）等进行叶面追肥 1 次，共追施 2～3 次。叶面追肥可与防治魔芋病虫害药剂混配施用。

(三) 开沟排渍

虽然魔芋是一种需水较多的作物，但它最怕淹水。一旦长时间淹水，魔芋根系的呼吸作用将严重受阻，对魔芋生产造成重大影响，可导致魔芋病害大流行，甚至造成魔芋绝收。故对魔芋田块，特别是地势较低、地下水位较高的田块，要注意开好围沟、厢沟及腰沟，确保在暴雨和持续阴雨过后，魔芋田间排水通畅、不渍水。

（四）保持田间清洁卫生

在魔芋生长全过程中，必须要保持魔芋田间清洁卫生。对于魔芋病残体及杂草要及时清除干净，特别是要注意剔除魔芋"中心病株"，即发现"中心病株"后要迅速将其挖除、移出田外，在远离魔芋田的下游处进行深埋或烧毁。对"中心病株"所在的植穴处，要用生石灰或其他药剂进行撒施或灌蔸等消毒处理。

（五）病虫害综合防治

魔芋主要病害为魔芋软腐病、白绢病、根腐病、枯萎病等，魔芋主要虫害有甘薯天蛾、豆天蛾、斜纹夜蛾等。因此，对魔芋主要病虫害防治应采取综合防治策略（见病虫害防治章节）。

六、魔芋收挖

（一）确定魔芋收挖的最佳时期

随机选择10株魔芋植株挖开观察，离球茎基部5 cm处叶柄上硬下软，用手拔即可拔掉叶柄，且脱落处光滑，则表明魔芋成熟，否则表明魔芋未完全成熟。若上述10株预选魔芋植株绝大多数均已成熟，则可以收挖了。魔芋收挖期一般选在霜降前后的晴天且土壤干燥时，这个时候收挖魔芋较好。

（二）魔芋收挖的方法和收挖后的贮藏处理

收挖时从地边一角顺着魔芋行小心开挖，同时注意精选抗病优良种芋，并将种芋与商品芋分开放置，且注意将大球茎、小球茎、根状茎，以及带病、带伤的魔芋分开放置，轻拿轻放。将商品芋及时送往魔芋加工基地进行加工，将种芋用竹篮筐装运至用于贮藏的房屋场地进行晾晒预处理，然后再按架藏方法贮藏。

第二节　魔芋典型栽培模式

一、魔芋地膜覆盖栽培模式

（一）魔芋地膜覆盖栽培模式的特点

利用塑料薄膜进行地面覆盖的栽培，称为地膜覆盖栽培模式。该栽培模式具有如下特点。

1. 促进魔芋提早出苗

由于地膜覆盖提高了土壤的温度、湿度状况，因而有利于魔芋主芽萌动。可促进地膜覆盖栽培的魔芋较露地栽培的提早出苗，一般可提早出苗8天以上。

2. 有利于蓄水、节水、保墒

地膜覆盖后，减少了裸露地面面积，利用地膜的不透气性，切断了水分和大

气的直接交换，有利于阻止土壤水分蒸发。同时，因膜内温度高，加大了土壤热梯度的差异，使深层水分向上移动，并在上层积聚，形成提水上升的提墒效应。白天气温高时，膜内水汽增加，大量凝结附在膜内壁上；到了夜晚或低温天气，膜内壁上凝结的水珠滴落到地表，或沿地膜向两边际汇流，再渗入土壤中，又提高了土壤湿度。高垄栽培且覆盖地膜的，其垄膜成弧形，又可使降雨沿垄膜流向两侧，渗入土壤中，从而提高了自然降雨的利用率。

3. 增温效益明显

采用地膜覆盖，晴天阳光透过地膜，土壤获得辐射热，使地表温度升高，并逐步提高下层土壤温度，把热量贮存在土壤内。由于地膜具有不透气性，又是热的不良导体，近地面的空气流动不能带走土壤中的热量，因此土壤温度得以保持。同时，覆盖地膜的土壤蒸发量很少，减少了汽化热的损失，相应提高了土壤的热容量。

4. 改善土壤的理化性状

地膜覆盖使土壤表面免受风吹雨淋，大大减缓了表土受雨滴的冲击、侵蚀，使土壤结构保持良好状态。同时，因膜内水分胀缩运动，使土壤间隙变大，土壤疏松，改善了土壤结构，增加了土壤空隙度，保持了适宜的固、气、液态三相比，从而提高了水分、养分的利用率。根据测定，其土壤容重比不覆盖的降低 $0.13\sim0.311$ g/cm³，空隙度增加 10.6％。良好的温湿环境，为土壤微生物繁衍创造了条件，加快了有机质分解，使土壤潜在的养分活化，从而更好地满足了魔芋生长的需要。

5. 抑制杂草生长

在地膜覆盖下，地表高温闷热，最高温度可达 45℃以上，杂草生长受到很大抑制，有的杂草即使出苗也被烤死。因此，地膜覆盖后一般不需中耕除草，既省工省事又减少营养消耗，为高产创造了有利条件。

6. 发挥防病增产作用

由于光、热、水、气、肥等生态条件的改善，有利于魔芋生长，同时还增强了魔芋的抗病能力。地膜覆盖可抑制病害发生蔓延，魔芋采用地膜覆盖可增产20％以上。

（二）魔芋地膜覆盖栽培模式的要点

要因地制宜地选择播种覆盖方式。目前主要推广应用的方式有两种：一是先播种，后覆膜；二是先覆膜，后移栽。其中，以采用"先播种，后覆膜"的方式最为普遍，其技术要点如下。

1. 确定播期

因地膜覆盖出苗较早，比一般露地栽培提早出苗 8 天以上，所以播种前应考虑到勿使幼苗遭受霜冻。播期不宜过分提前，一般播期在 3 月初。

2. 起垄

首先应根据魔芋种芋大小确定垄宽和垄高，一般以垄面宽 50～60 cm、垄高 10～15 cm 为宜。其次在垄中央开沟，沟内施农家肥和专用肥，因盖膜后不易地面追肥，所以要施足底肥。

3. 播种

在施肥沟两侧采取"品"字形播种，播种后整平垄面，呈鱼脊背状。

4. 喷施除草剂

喷施剂量应比一般栽培减少剂量 1/3，以防止发生药害。

5. 覆膜

盖膜质量是地膜覆盖栽培的技术关键。播种且喷施除草剂后应立即覆膜，以防止水分蒸发。盖膜时应拉紧铺平，使膜完全贴于垄面上，然后把两边和两头压严、压紧，防止空气透入。

6. 及时破膜放苗

地膜覆盖后，魔芋出苗期将会提早。因此，在出苗前后要经常到魔芋地观察，及时破膜放苗，将幼芽从膜内接出。同时，在其四周盖上细土，防止产生烧苗现象，减少土壤水分和养分的逸散以及杂草的发生。

7. 田间管理

加强田间管理工作，如开沟排渍、叶面追肥、病虫预防和保持田间清洁卫生等。

二、魔芋秸秆覆盖栽培模式

（一）魔芋秸秆覆盖栽培模式的特点

1. 秸秆覆盖可调节地温，增加土壤肥力

秸秆覆盖增加了有机物还田量，高温高湿、微生物活动可加速秸秆腐烂分解，一方面供应当季作物养分，另一方面增加土壤有机质积累，培肥耕地，改良土壤。覆盖物的分解不仅提高了田间二氧化碳浓度，加强了作物光合作用的强度和光合产物的运转速度，而且也改善了耕作层的通透性，使土壤容重平均降低 0.07 g/cm³，孔隙度增加 1.2%，从而有利于微生物活动，蓄水保肥，加速养分转化，提高肥料利用率。

2. 秸秆覆盖可减少水土流失

秸秆覆盖保护土壤免受雨滴拍击，避免结壳，径流大幅度减少，秸秆残茬阻碍水流，延缓径流的产生，削弱径流的速度和强度，大大缓解地表径流对土壤的冲刷，减少水土流失。

3. 秸秆覆盖可起蓄水、提墒和保墒作用

秸秆覆盖可增加雨水入渗，起蓄水作用。同时，秸秆覆盖地表，阻止阳光直射地面，减少水分蒸发损失，表土与秸秆层之间的水分扩散层大大降低了对流水分损失，毛细管的作用使下层水分富集于耕作层，起到蓄水、提墒的作用。覆盖增墒效果是浅层优于深层。

4. 秸秆覆盖可防治草害

秸秆覆盖后，在表土与秸秆层之间形成了较稳定的热空气层，杂草呼吸作用旺盛，自养养分消耗大，但被压杂草不见阳光，光合作用停止，养分制造受阻，使杂草生长受到抑制，并逐渐枯黄甚至死亡，从而减少了与作物竞争水分、养分。覆盖后一个月，杂草数量减少 93.06%，杂草重量减少 87.41%。

5. 秸秆覆盖可防病增产

秸秆覆盖使土壤的水、肥、气、热等肥力要素得以协调，从而增加了营养，培肥了耕地，改良了土壤，为魔芋健壮生长提供了条件。同时，秸秆覆盖还可以在一定程度阻止魔芋病害传播蔓延。因此，秸秆覆盖可起防病增产作用。

（二）魔芋秸秆覆盖栽培模式的要点

1. 选择秸秆等覆盖物

可因地制宜选用小麦秸秆、稻草、油菜秆，也可选用杂草、树叶等覆盖物。

2. 选择覆盖时间

在魔芋出苗后，封行前进行田间覆盖为最佳覆盖时间。

3. 秸秆等覆盖物的药剂处理

作物秸秆等覆盖物本身带有多种病原菌，若不做任何处理便覆盖到魔芋田间，则会大大增加土壤病原菌含量，从而加重魔芋病害发生。因此，在用于覆盖之前一定要对秸秆等覆盖物进行药剂处理。可选用 75%百菌清 500 倍与 72%农用硫酸链霉素 4000 倍混合液对秸秆等覆盖物进行喷雾消毒处理即可。

4. 覆盖方法

魔芋出苗后，封行前将已消毒处理的作物秸秆等覆盖物，均匀横放或铺放于魔芋田间，覆盖物厚度为 5 cm 左右即可。

三、魔芋间作、套种模式

（一）魔芋间作、套种模式的特点

1. 可满足魔芋生长对光照条件的需要

魔芋为半阴半阳作物，适当遮阴，可满足其生长需要。特别是在海拔偏低、光照较强地区，采取与其他高秆作物间作、套种，可改善魔芋生长的光照条件，有利于魔芋的生长。

2. 可提高复种指数，增加作物产量

采取套种，尤其间作，可显著增加作物复种指数，既可增加单位面积魔芋产量，又可增加间作、套种作物的产量，从而提高经济效益。

3. 可充分发挥"边际效应"，提高光合生产率

魔芋一般与高（矮）秆作物间作、套种，作物"边际效益"十分明显。同时，两种作物间作、套种，它们的总叶面积能更加快地占据单位面积上的空间，从而得以较早地进入完全吸收、利用投射到地面的太阳总辐射，以及它们叶面积的总和也大于任何一种作物单作的水平。这就是套间复种得以大幅度增产的物质基础。

4. 有利于调整农业种植结构，增加农民收入

魔芋一般与粮食作物或其他经济作物间作、套种，这样既可促进魔芋产业发展，也有利于发展粮食和其他经济作物，增加农民收入。

（二）魔芋间作、套种技术模式的要点

在湖北及周边地区的魔芋生产可采取如下种植模式，其他地区则根据当地气候特点和农作物区划，因地制宜地采取不同的种植模式。

1. 在海拔 1100 m 以上地区以及阴坡山地采用魔芋单作

这种种植模式的技术特点是，单独种植魔芋，便于田间统一管理，单位面积容易获得高产，最大限度地利用了有限土地资源来发展魔芋生产，在土地缺乏、轮作困难地区尤其显得十分重要。

2. 在海拔 900~1100 m 地区采取魔芋与高秆作物（玉米等）间作或混作

这种种植模式的技术特点是，既满足了魔芋遮阴的需要，又对魔芋产量未造成大的影响，同时还在一定程度上增加了其他高秆作物的产量。

3. 在海拔 900 m 以下且光照较强地区以及向阳坡地采取魔芋与其他作物套种

（1）魔芋＋玉米套种模式：可采取种 1 行魔芋再种 1 行玉米、种 2 行魔芋再种 1 行玉米、种 3 行魔芋再种 1 行玉米、种 4 行魔芋再种 1 行玉米等模式。这种种植模式的技术特点是，可根据魔芋种量大小、目的不同，灵活安排，可兼顾发展经济作物和粮食作物，是广大山区发展魔芋种植的普遍模式。

（2）小麦－魔芋＋玉米模式：在小麦田中套种魔芋，待小麦收获后在原小麦行中套种玉米。这是一种比较好的粮经作物生产模式，其特点是实现作物周年生产。

（3）油菜－魔芋＋玉米模式：在油菜田中套种魔芋，待油菜收获后在油菜行中套种玉米。这种模式的特点是能促进粮食、经济、油料作物协调发展，尽可能充分利用土地资源。

（4）板栗－魔芋模式：在板栗树下种植魔芋，其特点是比较适合魔芋种芋生产，病害轻，种芋生产效果好。

（5）果树（柑橘）－魔芋模式：在果树（柑橘）园内种植魔芋，其特点是果树和魔芋能同步发展，实现以短养长，长短结合。

四、魔芋高垄栽培模式

（一）魔芋高垄栽培模式的特点

高垄栽培既是魔芋丰产栽培的常规措施，也是魔芋防病的关键技术之一。

1. 利于排水降渍抗旱

实施高垄栽培，暴雨后地表水能迅速从垄沟排出，避免田间渍水，降低田间湿度，预防渍害和病害。此外，因高垄栽培还具有保墒功能，故有利于发挥抗旱作用。

2. 增加栽培地温

高垄栽培增加了田间接受阳光的表面积，从而提高春季栽培地温，有利于魔芋提早出苗。

3. 加厚栽培土层

采取高垄栽培在一定程度上增厚了栽培土层，扩大了根系和块茎的活动范围，有利于魔芋球茎的生长发育，以及提高魔芋球茎的生长系数。

4. 增强通风透气

实施高垄栽培，一方面有利于栽培土壤疏松，使土壤与大气间的气体交换加强，有利于根系吸收、同化物质积累运转以及块茎的形成与膨大；另一方面有利于通风透光，增强光合作用，促进魔芋的生长发育。

5. 发挥防病增产综合效益

通过高垄栽培，改善田间小气候，增强魔芋植株长势，提高魔芋抗病能力，从而达到高产目的。魔芋高垄栽培的产量要比平地栽培的产量平均可提高 15％以上。

（二）魔芋高垄栽培的措施

垄的高低、宽窄和方向，要根据种芋大小、土质、地势和气候条件等确定。保水性强的黏土，地下水位高的平地、洼地，垄应高一些，但不宜过宽，以利于排水防渍；保水性差的沙质土，雨水少易旱的山岭坡地，垄应宽一些，但不宜过高，以利于抗旱保墒。根据种芋大小可单行起垄、双行起垄或多行起垄。垄的方向最好是南北向，使魔芋获得足够的阳光。若魔芋田为山坡地，则起垄时，垄的方向要与坡向呈 $45°\sim60°$，以利于蓄水，防止土壤被雨水冲刷。在高垄栽培时可按如下方法操作：

第一，播种时培土起垄，即垄高应达到 $10\sim15$ cm。

第二，出苗后培土增垄，即在出苗后，封行前，结合除草进行培土，将垄增高 $5\sim8$ cm。

第三，暴雨后培土保垄，即在暴雨后进行培土，以避免土壤板结，保持垄高。

五、魔芋催芽移栽模式

(一) 魔芋催芽移栽模式的特点

1. 魔芋催芽移栽可提早成苗

魔芋通过催芽后，种芋内有利于生长的酶活性得到激发，魔芋主芽顶端优势更加明显，因此移栽后魔芋能较快抽叶成苗，有利于魔芋的生长。

2. 魔芋催芽移栽可确保全苗

在移栽前有一个选苗过程，可确保无病、优良、出芽整齐的魔芋移栽到大田中，因而可确保魔芋全苗。

3. 魔芋催芽移栽可促进魔芋提早"换头"，延长其生长期

魔芋催芽后，一方面提早了魔芋进行光合作用的时间；另一方面，增强了魔芋的生长势。因此，魔芋催芽移栽可促进魔芋提早"换头"，延长其生长期。

4. 魔芋催芽移栽可起防病增产作用

由于在移栽时剔除了病伤劣质种苗，并且缩短了移栽苗主芽与土壤、肥料直接接触的时间，从而减少了魔芋发病机会；同时由于生长期的提前，在一定程度上还起到了"避病"的作用，加上移栽可确保苗全苗壮，延长魔芋光合作用的时间，因而有利于魔芋块茎的膨大。所以，魔芋催芽移栽可起防病增产作用。

(二) 魔芋催芽移栽模式的要点

1. 选好种芋

催芽育苗可在当地正常播种前 20 天左右开始。按优质种芋标准选择好无病无伤、形态规范的种芋，按大、中、小分开放置，在太阳下暴晒 1～2 天后，用药剂进行浸种处理，再晾干后备用。

2. 选择苗床地

为便于搬运移栽，应将苗床选在计划当季种植魔芋的田块旁，要求苗床地向阳、土壤肥沃、排灌方便，且为魔芋、茄科作物等的非连作地。苗床地大小，应依据种芋量多少来确定。

3. 做苗床

苗床宽一般为 100～120 cm，周边沟深 15～20 cm。依据种芋大小，将苗床做成四周有 10～15 cm 高的土埂，中间种芋地的宽度为 85～105 cm。做好后盖上地膜，再做拱棚，以利于苗床升温。苗床可选晴天催芽前一个星期提前做好。

4. 下苗床

下苗床要选晴天进行，重要操作步骤如下：首先揭开、移走地膜，然后将种芋按大小分开摆放，要求所有种芋的芽子基本平齐，每个种芋间隔 2～3 cm；其次，在下种的苗床上喷洒杀菌消毒药剂，可选用 75％百菌清可湿性粉剂 500 倍与 72％农用硫酸链霉素可湿性粉剂 1500 倍混合液，也可选用 50％多菌灵可湿性

粉剂 500 倍液或 50％甲基托布津粉剂 500 倍液；再次，在种芋上面盖上一层 2~3 cm湿润的泡土；最后，盖好拱棚，拱膜弓架要插在沟边，以免膜上的汽水流入苗床。注意，为了避免苗床过湿，一般不再覆盖地膜。

5. 苗床管理

如果发现苗床土发白干燥，则可适当浇点水，保持湿润即可，过湿容易发病。如果遇到强降温天气，则应在棚内或棚的四周临时加盖草、玉米秆，保温防冻。

6. 选苗移栽

按常规栽培技术进行土壤处理、整田、开厢、施肥、起垄、开沟等，待苗床种芋的芽子萌动并长至 2 cm 左右，且根也开始冒出时，即可选苗移栽。若根长得过长，则易受损。此外，若采用地膜覆盖栽培，则应比正常季节提早 7~10 天移栽，相应地，育苗也应提早几天。

7. 大田管理

做好开沟排渍、追肥、病虫防治等田间管理工作。

六、魔芋根状茎两年促成栽培模式

（一）魔芋根状茎两年促成栽培模式的特点

第一，缩短栽培年限。利用根状茎促成栽培是指由根状茎到商品芋仅需要 2 年时间，比常规办法栽培缩短 1~2 年。

第二，商品芋品质得到提高。通过根状茎促成栽培生产的商品芋一般在 1 千克左右，其折干率和葡甘聚糖含量都处于最佳状态，加工品质非常好。

第三，防病增产增收。由于缩短了栽培年限，因而大大减少了田间的病害威胁，减少了病害造成的损失，增加了单位时间、单位面积产量，达到了增产增收目的。

（二）魔芋根状茎两年促成栽培模式的要点

第一，收获及精选根状茎。在收获商品魔芋时，将所有根状茎收集在一起，并精选出其中长得饱满、无病、较大的根状茎（一般为 80~100 个/千克），单独放在一边。

第二，安全贮藏根状茎。采取室内架藏的方法进行种芋（根状茎）安全贮藏。

第三，种芋（根状茎）消毒处理。在正常播种时间前一个月左右先进行种芋浸种消毒，可选用 75％百菌清可湿性粉剂 500 倍与 72％农用硫酸链霉素可湿性粉剂 1500 倍混合液浸泡 30 分钟，或 77％可杀得可湿性粉剂 1000 倍与 72％农用硫酸链霉素可湿性粉剂 1500 倍混合液浸泡 30 分钟，或 50％多菌灵可湿性粉剂 500 倍液或 50％甲基托布津粉剂 500 倍液浸种 30 分钟。消毒后晾晒 1~2 天待用。

第四，选地建苗床。按前述"魔芋催芽移栽技术"中的方法选地建苗床，为了便于操作管理，苗床宽度可为 50～60 cm。做好苗床后盖上地膜，再做拱棚，以利于苗床升温。苗床可选晴天催芽前一个星期提前做好。

第五，下苗床催芽。先揭走拱棚和地膜后，将消毒晾晒后的根状茎整齐平放在苗床上，根状茎之间留 1～2 cm 间隙，再在根状茎上面盖上一层 2～3 cm 湿润的泡土；最后盖好拱棚，拱膜弓架要插在沟边，以免膜上的汽水流入苗床。此外，还应加强苗床管理，保持苗床湿润，防止产生霜冻危害。

第六，定植。当芽长至 1 cm 左右且冒根时，应采取高垄栽培技术进行定植。定植密度，一般采取单作按每亩 1 万株至 1.2 万株，采取套种则可适当调减。

第七，田间管理。加强肥水管理、病虫防治、清洁田间等工作。

第八，收挖。通过本栽培技术，当年根状茎平均可长到 150 g 以上，收获时应注意抢晴收获，另外还要注意精选及大、中、小分类放置。

第九，种芋安全贮藏。经过晾晒 3～5 天后，再采取架藏方法进行安全贮藏。

第十，第二年采取催芽选苗移栽技术进行栽培管理。栽培密度按单作一般为 4000 株/亩，通过精心栽培管理，年底魔芋单种平均可达到 1 千克/个，产量达到 2 吨/亩。

七、有机魔芋栽培模式

（一）有机魔芋栽培模式的特点

第一，有机魔芋栽培过程中要求种植地远离城镇和工厂，水、土壤环境优良，在栽培中不使用会产生残留的化学农药、化学肥料和生长调节剂等。

第二，有机魔芋栽培过程中对病虫害防治主要采取农业防治、物理防治、生态防治等方法。

第三，有机魔芋栽培过程中对草害防治采取人工拔除或其他栽培技术防治。

第四，生产的魔芋商品芋品质优良，达到有机食品标准。

（二）有机魔芋栽培模式的要点

第一，选种及种芋处理。按种芋精选标准选择无病、无伤、大小适当、形状规范的魔芋作种芋，并采用架藏方法安全贮藏。特别注意种芋在贮藏前后都不要用化学药剂进行处理，在播种前主要通过太阳紫外线暴晒 2～3 天、种芋表面包裹草木灰、20％生石灰乳进行种芋消毒处理。

第二，种植地选择及消毒处理。要求种植有机魔芋田块周围植被较好、空气及水土未受到污染、土层深厚、土壤疏松、有机质含量丰富、前作为禾本科作物，为有效防治魔芋病虫害一定要与禾本科作物轮作，轮作期 2～3 年。拟种植田块在冬前进行翻耕处理，并撒入适量生石灰杀灭土壤中残留的病原菌及地下害虫，播种前再进行深翻，并按每亩施用生石灰 50～100 kg 或三元消毒粉 50～80 kg 或硫酸铜 2 kg，进行土壤消毒处理，且清洁田间后开厢待种。

第三，有机肥料的准备。有机魔芋栽培不能使用化学合成肥料，主要施用充分腐熟的农家肥，其次为腐殖土、添加不含化学合成物质以及符合有机食品要求的用于活化土壤养分、改良土壤结构的微生物菌剂等。

第四，播种。采用高垄栽培技术适时播种，播种密度因种芋大小而异。播种时基肥量应达到总施肥量的 90% 以上，以农家肥为主，一般每亩施农家肥 2500 kg 以上，其他腐殖土、微生物菌剂等适量施用即可。

第五，栽培管理。采取人工除草、田间覆盖、开沟排渍、追施液肥（沼液或用蒿子、羊粪、牛粪等与其他鲜活肥嫩植物叶加水沤制而成的液体）等。

第六，病虫防治。魔芋病害主要以软腐病、白绢病等为主，虫害以甘薯天蛾、豆天蛾、斜纹夜蛾等为主。坚持以预防为主、综合防治的方针，对魔芋病害的防治除了采取种芋精选与处理、轮作换茬、土壤消毒处理、健身栽培管理外，还要重点控制"中心病株"，及时剔除移走"中心病株"，且在病穴及其四周撒施三元消毒粉或生石灰，对整个田块选用 4-4 式波尔多液喷施，每隔 7～10 天喷 1 次，连续喷 4～5 次即可。对虫害主要采取设置频振式杀虫灯、糖浆诱杀、人工捕杀等办法进行防治。

第七，收挖。在霜降前后强晴收挖，将商品芋与种芋按大小分开放置。

第八，有机魔芋包装、出货、贮藏。商品芋采用竹编或其他环保材料制成的容器盛装，出货时标明产地、时间、批号、数量等信息，对商品芋应及时加工处理，对种芋采取架藏方法进行贮藏。

（三）有机魔芋的认证程序

第一，申请。申请者向中心（分中心）提出正式申请，填写申请表及相关资料和交纳申请费。申请者按《有机食品认证技术准则》要求建立质量管理体系、生产过程控制体系、追踪体系。

第二，认证中心核定费用预算和制订初步检查计划。认证中心根据申请者提供的项目情况，估算检查时间，一般需要 2 次检查：生产过程 1 次加工 1 次，并据此估算认证费用和制订初步检查计划。

第三，签订认证检查合同。

第四，初审。

第五，实地检查评估。对申请者的质量管理体系、生产过程控制体系、追踪体系以及产地、生产、加工、运输、贸易等进行实地检查评估，必要时需对土壤、产品取样检测。

第六，编写检查报告。

第七，综合审查评估意见。

第八，颁证委员会决议。作出是否颁发有机证书的决定。

第九，颁发证书。认证中心向符合条件的申请者颁发证书；获有条件颁证申请者要按认证中心提出的意见进行改进，做出书面承诺。

第十，有机魔芋标志的使用。根据有机魔芋食品证书和《有机食品标志管理章程》办理有机魔芋标志的使用手续。

第三节　魔芋病虫害防治

一、白绢病

（一）病征及病因

白绢病又叫作白霉病。主要为害茎、叶柄基部及块茎。菌丝无色透明，空心管状，有隔膜，放射状生长，有分枝，后集结成线状或索状，最后表面形成纽结，形成菌核。菌核初为洁白色，后转为淡黄色至黄褐色或茶褐色，表面光滑如油菜籽，多为圆球形。发病部位主要在近地面 $1\sim2$ cm 的叶柄基部。叶柄基部及球茎染病后，初呈暗褐色不规则的小型斑，后软化，使叶柄湿腐，植株倒伏，叶片由绿色变黄色。高温、高湿时，病部长出一层白色绢丝状霉，后期生圆形菌核。病菌可通过叶柄基部向下蔓延，直接为害地下块茎，引起腐烂。白绢病有时和软腐病同时发生，病部表面产生白色菌丝及褐色菌核，内部组织软腐，多为糊状，有恶臭。

该病由半知菌类真菌齐整小核菌（*Sclerotium rolfsii Sacc.*）引起（如图3-2所示）。有性阶段为［*Pellicularia rolfsii（Sacc.）West*］，称白绢薄膜革菌，属担子菌亚门真菌。该病菌能为害 62 科 200 多种植物，除为害魔芋外，茄科、豆科、葫芦科等作物都可受害。

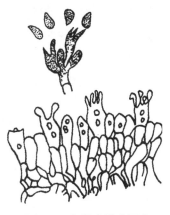

图 3-2　白绢病的病原菌

　　白绢病的病原菌主要靠菌核及病残组织中的菌丝在土中越冬，翌年萌发后顺着土壤蔓延到邻近植株上；也能通过雨水及中耕等作业传播，从寄主根部或茎基部直接或借伤口侵入到寄主组织内。菌核萌发后 17 小时，即可侵入植株，2~4天后病菌分泌大量毒素及分解酶，作用于植株，使植株基部腐烂、倒伏。病菌在田间主要随土壤、流水及病残体传播蔓延。

　　该病发生的温度为 8℃~40℃，尤以 32℃~33℃最为适宜，伴有高湿时发展更快。该病菌较耐酸碱，在 pH 值 1.9~8.4 范围均可生活，有的则在 pH 值 2~10 范围内均可生长，以 pH 值 5~8 生长较好，且寿命长，在室内可存活 10 年，在田间可活 5~6 年。用病残组织喂牲畜，经消化道后，其病菌仍能存活。但怕水，水淹后 3~4 个月便会死亡。

　　白绢病一般在 6 月中下旬开始发生，且常与软腐病同时为害植株。高温、高湿，尤以雨过天晴后易于流行。土壤酸性及中性有利于发病，pH 值低于 3 或高于 8 不易发病。连作地发病重，新地或水旱轮作地发病轻。轮作 3 年以上的，发病率仅为 1%~5%。

　　（二）防治方法

　　第一，避免连作。重病地宜与禾本科作物轮作，有条件的可实行水旱轮作。白绢病菌喜氧气，魔芋收获后深翻土地，把病菌翻埋到土壤下层，可抑制病菌生长。开沟浇水，不漫灌，不淹水，少施氮肥。

　　第二，种芋用 0.1% 硫酸铜溶液，或 50% 代森铵 300~400 倍液，或 50% 多菌灵粉剂 500 倍液，或 50% 甲基硫菌灵 500 倍液浸种 10 分钟，捞出用清水冲净，晾干后播种。

　　第三，及时拔除病株，烧毁。病穴灌 50% 代森铵 400 倍液，或每亩撒入石灰粉约 15 kg，分 3 次撒完，每隔一周撒 1 次。每次撒石灰粉不能过多，否则对魔芋生长有一定抑制作用。

　　第四，合理施肥，施有机肥要充分腐熟。据报道，200 mg/kg 的亚硝酸盐能阻碍白绢病菌的生长，400 mg/kg 可抑制其生长。在田间增施硝酸钙、硫酸铵或喷施复硝酚钠 6000 倍液，可减轻白绢病的发生。

　　第五，在植株高 20 cm 时，用 10~15 cm 见方的塑料薄膜包裹叶柄基部，能防止病菌侵染。

　　第六，发病初期，喷洒 40% 多·硫悬浮剂 500 倍液，或 50% 异菌脲（扑海因）可湿性粉剂 1000 倍液，或 15% 三唑酮可湿性粉剂 1000 倍液，或 40% 五氯硝基苯 400 倍液，或 50% 甲基硫菌灵 500 倍液，每隔 7~10 天喷洒 1 次，共喷洒2~3 次；也可按每平方米用 50% 甲基立枯磷（利克菌）可湿性粉剂 0.5 g 喷洒地表；或用 50% 的三唑酮（粉锈宁）粉剂 5000 倍液，从魔芋叶柄基部灌根。石灰、50% 甲基立枯磷（利克菌）和三唑酮（粉锈宁）等杀菌剂能附着在病原菌的菌丝和菌核的表面，使表皮细胞皱缩、破裂，接着内含物外渗，使病菌不能生长和萌发，从而起到防治作用。

二、软腐病

(一) 病征及病因

魔芋软腐病又叫作黑腐病，是生产上危害最严重的病害。湖南、湖北、四川、云南等省均有发生，在国外以日本发病最为严重。栽培期及贮藏期均可发病，田间发病率为 20%～30%，严重的全田发生，减产损失达 50%～70%。

软腐病主要为害叶片、叶柄及块茎。该病最明显的特征是组织腐烂和具有恶臭味。在贮藏期或播种期，种芋受侵染，被害块茎初期表皮产生不定型水渍状暗褐色斑纹，逐渐向内扩展，使白色组织变成灰白色甚至黄褐色湿腐状，溢出大量菌液，块茎腐烂。最后，随着土壤水分的降低，块茎变成干腐的海绵状物。受害种芋发芽出苗后，芽尖弯曲，展叶早，刚露土即展叶，叶不完全展开，或叶柄、种芋腐烂；展叶后染病，则叶片向叶柄作拥抱状，株形像一个蘑菇。叶色稍淡，拔起植株，可见种芋腐烂。生长期的症状表现有三种：一是块茎发病，植株半边或全部发黄，叶片稍萎蔫。从块茎与叶柄交界处拔断，有部分叶柄呈黑褐色。挖出块茎，表面出现水渍状暗褐色病斑，向内扩展，呈灰色或灰褐色黏液状，使块茎部分或全部腐烂。二是植株发病，基部软腐，最后倒伏，叶片保持绿色。三是叶片发病，初为墨绿色油渍状不规则病斑，边缘不明显，多沿叶脉向两旁叶肉作放射状或浸润状发展，后叶片腐烂，吊在植株上，并有脓状物溢出。以后病害沿叶柄向下扩展直至种芋，整株腐烂。有些病菌沿半边叶柄向下扩展，使主叶柄一侧形成水渍状暗绿色的纵长形条纹。之后，组织进一步软化，条斑随即凹陷成沟状，溢出菌脓，散发臭味，使植株半边腐烂、发黄，俗称"半边疯"。

软腐病是由细菌胡萝卜软腐欧氏杆菌〔*Erwinia carotovora subsp. carotovoro（Jones）Bersev et al.*〕引起。但也有报道说，软腐病是由胡萝卜欧氏杆菌黑胫变种引起。郭小密、王就光对湖北省崇阳县收集的 10 株菌株，用革兰氏染色法及改良李夫森染色法、CPG 培养基培养法、YS 培养液法及在 KB 培养基上培养后，放在 150 μm 紫外灯下观察，并参照 Dye 和 Schaad 的方法进行各种生理生化反应鉴定等一系列测定，确定魔芋软腐病原细菌属于（*Erwinia carotovora Var. carotovora Dye.*）。最近珀森（Persson）报道，使用气相色谱仪对胡萝卜软腐亚种和黑胫亚种的脂肪酸进行分析，能迅速将二者分开，这将有利于魔芋软腐病菌的快速、准确的鉴定。

胡萝卜软腐欧氏杆菌在肉汁胨琼脂平板上培养 48 小时，菌落呈乳酪白色，圆形，大多数直径为 0.3～0.6 mm，中央突起。菌体短杆状，四周生鞭毛 2～8 根（如图 3-3 所示）。在 20℃、25℃、30℃、35℃、40℃、45℃、50℃不同温度

下培养 48 小时后，其在 620 nm 处的吸光度分别为 0.236、0.316、0.343、0.186、0.073、0.038、0.036。可见，软腐菌生长发育的最适温度为 25℃～30℃，最高温度为 40℃，最低温度为 2℃，致死温度为 50℃（时间为 10 分钟）。在温度为 30℃时接种，未观察到芋块的腐烂症状，可能是由于高温不利于软腐菌的生长以及高温加速芋块表面褐化，抑制病菌侵入的原因所致。在 pH 值为 5.3～9.2时，软腐菌均可生长，其中以 pH 值为 6～7 最适宜。软腐菌不耐光，不耐干燥，在日光下暴晒 2 小时，就会大部分死亡；在脱离寄主的土中只能存活 15 天左右；通过猪的消化道后则会完全死亡。本病菌与白菜软腐病属同一菌源，除为害十字花科蔬菜外，还侵染茄科、百合科、伞形花科及菊科蔬菜。在温暖地区，该病菌无明显的越冬期，在田间周而复始地辗转传播蔓延；在寒冷地区，该病菌主要在田间病株、窖藏种株或土中未腐烂的病残体及害虫体内越冬，通过雨水、灌溉水、带菌肥料和昆虫等传播。例如，铜绿金龟子不仅为害植株而造成伤口，同时还可传播软腐病菌；而笨蝗、粉蝶、芋麻夜蛾及蛞蝓等均可加重软腐病病情。此外，蛴螬亦可诱发此病，即主要从伤口及气孔侵入，也可从根毛区侵入，潜伏在维管束中或通过维管束传到地上各部位，遇厌氧条件后大量繁殖，引起发病，特称潜伏侵染。

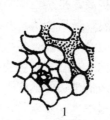

图 3—3 软腐病

1—被害组织　2—病原细菌

该病一般在 6 月中下旬开始发生，8 月上中旬是发病高峰期，9 月中下旬基本停止。田间渍水、土壤湿度大以及降雨过多，特别是苗期受水浸渍的田块，容易发病。

（二）防治方法

第一，种植万源花魔芋、赤诚大芋、榛谷黑、云南花魔芋、重庆花魔芋、白魔芋等优良品种。实行多品种当家，品种合理搭配、合理布局、定期轮换，避免单一品种大面积种植，利用魔芋品种群体的抗性多样化，提高整体抗（耐）病水平。

第二，实行轮作，特别是水旱轮作效果好，轮作周期一般为 3 年。要避免大量施用未腐熟的有机肥料，多用草木灰，增施硝酸铵和硫酸铵，可减轻病害。深耕改土，整地时，每亩施用 100 kg 石灰进行土壤消毒，降低田间病菌数量。增施钾肥，每亩用纯氮 15 kg，增施 20 kg 氧化钾，病株率较单一施纯氮减少 48.28%，产量提高 27.5%。高畦栽培，排水防涝。及时清理病株，烧毁，病穴中灌注 20%福尔马林液消毒。土壤要疏松，不渍水，不挡风，可减轻病害。

第三，魔芋收挖后，去净泥土，晾晒干，拌石灰，或用福尔马林 50~100 倍液和 20%石灰水浸泡 30 分钟，晾干后贮藏。

第四，播种前用 20%石灰乳液浸种 20 分钟，或用 40%多菌灵胶悬液 1500 倍液加敌敌畏 1000 倍液浸种 30 分钟，或 200 mg/kg 农用链霉素浸种 4~5 小时，晾干后播种；或每千克种芋，用 50%甲基立枯磷（利克菌）可湿性粉剂 0.5~1 g 拌种。土壤处理每亩施用生石灰 50~60 kg，施后耕翻，软腐病病株率为 17.86%，较未处理的田块减轻 28.19%。追肥时不可将肥料直接施于芋根上，以免烧根。雨天或田间露水未干时，不要到田间进行农事操作，以免伤根。及时拔除病株，烧毁或深埋，在病窝处及周围撒上石灰，踩实土壤，以免雨水串流传播。

第五，金龟子、笨蝗、粉蝶、夜蛾、蛞蝓等害虫，都容易给植株造成伤口，使病原菌侵入，加重病害，要及时防治。

第六，发病前或发病初期用 72%农用链霉素可溶性粉剂 3000~4000 倍液，或新步霉素 4000 倍液，或 75%敌磺钠（敌克松、地可松）可湿性粉剂 50 克加水 100~150 L，或 50%代森铵 600~800 倍液，每隔 7~10 天喷洒 1 次，喷洒叶柄周围地面或灌根。也可选用 64%噁霜·锰锌（杀毒矾）500~600 倍液，78%科博 500~600 倍液，4%农抗 120，500~600 倍液，75%氢氧化铜 900~1000 倍液，每亩用 50 kg，并掺入磷酸二氢钾 0.1~0.2 kg 喷洒，从叶片展开起，每隔 10 天喷洒 1 次，共喷洒 3 次以上。

第七，云南农业大学植保学院白学慧等人研究了魔芋与玉米间作对魔芋根际微生物群落代谢功能多样性的影响。其研究结果表明，间作能有效控制魔芋软腐病，其中玉米、魔芋之比为 2∶4 的效果为最好，相对防治效果可达 61.27%。对高海拔区域，魔芋生长前期，在耕地表面铺一层秸秆或杂草，可以提高土温，促进出苗，减轻病害。

三、病毒病

（一）病征及病因

全株发病，病株叶片呈花叶或缩小、扭曲、畸形，有的病株叶脉附近出现褪绿色环斑或条斑，出现羽毛状花纹，或叶片扭曲。

由芋花叶病毒（*Dasheen mosaic virus*，DMV）、番茄斑萎病毒（TSWV）、黄瓜花叶病毒（CMV）单独或复合侵染引起。芋花叶病毒质粒线状，大小 750 nm×13 nm，主要在发病母株球茎内存活越冬，通过分株繁殖传到下一代；

也可在田间其他天南星科植物如芋、马蹄莲等寄主上越冬，借汁液和桃蚜、棉蚜、豆蚜等传毒。番茄斑萎病毒还可借蓟马传毒。病征在 6～7 叶前较明显，高温期减轻乃至消失。

（二）防治方法

第一，因地制宜选育和换种抗病品种。

第二，选用无病母株繁殖作种。

第三，及早消灭蚜虫，并在农事操作中用肥皂水洗手和刀具，防止汁液摩擦传染。

第四，发病初期，喷洒 1.5％十二烷基硫酸钠 1000 倍液、菇类蛋白多糖水剂 250 倍液，每隔 10 天喷洒 1 次，共喷洒 2～3 次。

四、轮纹斑病

（一）病征及病因

轮纹斑病主要为害叶片。初发病时，叶缘或叶尖处产生浅褐色小斑点，后扩展到近圆形至不规则形黄褐色斑，大小 0.5～2.5 cm，病斑上具轮纹。湿度大时，病部生稀疏霉层。后期有些病斑穿孔，病斑上长出黑色小粒点，埋生在叶表皮下。

由半知菌亚门真菌魔芋壳二孢菌（*Ascochyta amorphophalli*）引起。分生孢子器椭圆形，器壁褐色，直径 56～61 μm；分生孢子无色，双细胞，两端尖，略缢缩，大小为 12.3 μm×1.9 μm。分生孢子器随病叶遗留在土壤中越冬，成为翌年初侵染源。生长期产生的分生孢子，借风雨传播。该病多发生在生长后期，倒苗前进入发病高峰。湖南地区在 8 月下旬发病，8—9 月份流行。

（二）防治方法

第一，魔芋收挖后，清除病残体，减少菌源。

第二，必要时用 36％甲基硫菌灵（甲基托布津）悬浮剂 600 倍液，或 50％多菌灵可湿性粉剂 800 倍液，或 50％腐霉利（腐霉剂、速克灵）可湿性粉剂 1000 倍液喷洒。

五、炭疽病

（一）病征及病因

炭疽病主要为害叶片。初期病斑小、圆形、褐色，扩大后为圆形至不定型褐色大斑。病斑中部淡褐色至灰褐色，边缘深褐色，周围叶面组织褪绿变黄，斑面上生黑色小粒点。病斑多自叶尖、叶缘开始，向下、向内扩展，融合成大斑块。病部易裂，严重时叶片局部或大部分变为褐色、干枯。

该病由半知菌亚门真菌的刺盘孢菌（*Colletotrichum sp.*）和长盘孢菌

(*Gloeosporium sp.*) 引起。两类菌的分生孢子盘均为浅盘状，埋生于寄主表皮下，成熟时突破表皮外露。刺盘孢菌分生孢子盘四周生黑褐色刺状刚毛，分生孢子新月形，单孢，无色；长盘孢菌分生孢子盘不长刚毛，分生孢子长椭圆形，两端钝圆，单孢，无色，中央有一透明油点。

两菌均以菌丝体和分生孢子盘在病株上或随病残体遗落土中越冬，翌年产生分生孢子，借雨水溅射传播，引起发病。以后，病部不断产生分生孢子进行再侵染。温暖多湿天气，种植地低洼积水，过度密植，田间湿度大或偏施氮肥、植株长势过旺时，发病重。

（二）防治方法

第一，种芋用草木灰与细干土（1∶1）拌和后，分层堆放在干燥的高处，雨天覆盖塑料薄膜，晴天揭开，使种芋完好。

第二，选择干燥、不积水的地块种植，做到二犁二耙，深沟高厢或起垄种植。

第三，精选种芋，摊晒 1～2 天，下种前用 72％农用链霉素或 500 mg/kg 医用链霉素浸泡 30～60 分钟，晾干后播种。

第四，加强管理，合理密植；清沟排渍，降低田间湿度，增加植株之间的通透性。施用酵素菌沤制的堆肥，或充分腐熟的有机肥；采用配方施肥，避免过量施用氮肥，提高抗病力。清洁田间，及时将收集的病残物带出田外烧毁。发现病株，立即挖出，并在病穴内撒石灰消毒。

第五，发病初始，用 50％苯菌灵可湿性粉剂 1500 倍液，或 80％炭疽福美可湿性粉剂 600 倍液，或 30％碱式硫酸铜悬浮剂 400 倍液，或 77％氢氧化铜可湿性微粒剂 500 倍液喷洒，每隔 10 天喷洒 1 次，共喷洒 2～3 次，收挖前 10 天停止用药。

六、细菌性叶枯病

（一）病征及病因

该病发生非常普遍，主要为害叶片。初期，叶片上生黑褐色不规则形枯斑，使叶片扭曲；后期，病斑融合成片，叶片干枯，植株倒伏。

由油菜黄单胞菌魔芋致病变种 [*Xanthomonas campestris pv. amorphophalli* (*jindal, patel et singh*) *dye*，又称 *X. conjac* (*Uyeda*) *burk.*] 细菌引起。菌体杆状，多单生，两端钝圆，具 1～2 根单极生鞭毛。由于魔芋叶片含有较多的葡甘聚糖等黏质物，做病叶直接压片检查时，一般不易看到细菌溢出，但经稀释分离培养后，可得到大量米黄色细菌菌落。该病菌适宜生长温度为 25℃～30℃，最高温度为 30℃～39℃，好氧，主要在土壤中的病残体上越冬，借风雨传播，高温多雨及连作地容易发生。6 月中下旬开始发病，9 月上中旬为发病高峰。暴风雨常有利于该病发生流行。在病叶的枯斑上还可看到伴生的弱寄生真菌，如 Phoma、Aiternaria 和 Phyuosticta 等属的真菌。

（二）防治方法

第一，抓好种芋贮藏，选干燥的高处，采用"室外覆土盖膜"法贮藏。选择不积水的地块种植，并做到深耕细耙，高垄深沟，小块种植。

第二，精选种芋，播前晒 1~2 天，再用硫酸链霉素 500 mg/kg 浸种 1 小时，晾干下种。

第三，生长期间勤检查，一旦发现中心病株应立即挖除，并用链霉素 400 mg/kg 灌淋病穴及周围植株 2 次，每株 0.5 mL；或用链霉素 10000 mg/kg 注射植株，每次每株 3~4 mL。此外，也可用 30％碱式硫酸铜（绿得保）悬浮剂 400 倍液，或 72％农用链霉素 4000 倍液喷洒。

七、干腐病

（一）病征及病因

干腐病菌侵染茎、块茎、芋鞭和根，生育期和贮藏期均可受害。生育期多见于 8 月中下旬，发病后羽状复叶和部分叶柄变黄，并常沿叶柄的一边坏死，延伸向下。拔起病株，坏死叶柄一侧的根变为黑褐色，部分根内部变黑腐烂，但无异味。病势扩展，叶柄基部腐烂缢缩，叶片变黄倒伏。根受害后，根尖变为褐色，枯死；切开根，近基部可见褐色，根状茎也呈褐色。块茎贮藏期间，继续侵染，内部变黑腐烂、干缩，用其播种，不发芽或发芽后叶片异常。

由魔芋干腐病菌 [*Fusarium solani（Martius）Appel.*] 引起。该病菌属半知菌亚门镰孢霉属病原真菌，菌丝体丝状，无色有分隔。分生孢子有两种类型：大型分生孢子新月形，有 3~5 个分隔；小型分生孢子卵圆形，不分隔或偶有 1 个分隔。在不良环境下产生厚垣孢子（如图 3-4 所示）。

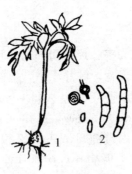

图 3-4　魔芋干腐病

1—病株　2—病原菌

病菌以菌丝和分生孢子随种芋和根状茎越冬，或以厚垣孢子在土壤中越冬，通过种芋和土壤传播。一般黏质土比轻沙质土发病多，种植浅的发病多，中性偏酸和施用未腐熟有机肥的土容易发病。肥料不足时和生长弱的植株容易感染此病。

（二）防治方法

第一，严格选种，剔除病芋。

第二，贮藏种芋处应严格控制湿度。

第三，用甲基硫菌灵或苯菌灵药液浸种消毒。必要时，可用氯化苦进行土壤消毒。

第四，发病初期，用70％甲基硫菌灵可湿性粉剂1500～2000倍液淋兜。

八、根腐病

（一）病征及病因

根腐病主要为害魔芋地下块茎和根系。发病部初期为褐色水浸状病斑，随后根系和部分块茎腐烂变黑，地上部分叶片发黄，植株生长矮小；后期叶柄枯萎，整个植株枯死。天气潮湿时，病部以上又长出新的不定根。收挖时，可见地下块茎大部分腐烂，剩余未腐烂部分为凹凸不规则的残体，俗称"戏脸壳"，失去商品价值。发病严重时全株枯萎，最后常受细菌侵害而导致软腐。

病原菌有多种，主要由菜豆腐皮镰孢菌［*Fusarium solani*（*Mart.*）APP. *et Wollenw. f. sp. Phaseli*（*Burkh.*）*Snyder et Hansen*］引起。该菌属半知菌亚门真菌，菌丝有隔膜，分生孢子分大小两种类型。大型分生孢子无色，纺锤形，具3～4个横隔膜，最多8个；小型分生孢子椭圆形，有时具1个隔膜，无色。厚垣孢子单生或串生，着生于菌丝顶端或节间。其生育最适温度为29℃～30℃，最高温度为35℃，最低温度为13℃。

病菌主要在病残体、厩肥及土壤中存活多年，除魔芋外，豇豆、菜豆、豌豆均可受害。无寄主时，病菌可腐生10年以上。土壤中的病残体是翌年的主要初侵染源，主要靠带病肥料、工具、雨水、灌溉流水传播，从伤口侵入。高温、高湿的环境有利于发病，发病盛期在8月。连作地、低洼地、黏土地发病重，新垦地很少发病。

（二）防治方法

第一，改革耕作制度，实行水旱轮作。

第二，深翻土地，用高畦或深沟排水，防止根系浸泡在水中。

第三，发病初期，用70％甲基硫菌灵可湿性粉剂800～1000倍液喷洒叶柄基部，每隔7～10天喷洒1次，共喷洒3次；也可用75％百菌清600倍液或70％敌磺钠（敌克松）1500倍液喷洒，共喷洒2～3次；或用40％多·硫悬浮剂800倍液、77％氢氧化铜可湿性微粒剂500倍液、14％络氨铜水剂300倍液、50％多菌灵可湿性粉剂1000倍液加70％代森锰锌可湿性粉剂1000倍液混合喷洒，每隔 7~10 天喷洒 1 次，共喷洒 2~3 次。

九、日灼病

(一) 病征及病因

魔芋为半阴性植物，遇到连续高温干燥和强光直射后，在叶温超过 40℃时，细胞会受伤死亡，发生白斑，叶片萎蔫，光合作用降低；土壤龟裂，引起断根，也易引起日灼。

(二) 防治方法

魔芋与玉米等高秆作物间作，地面铺草和适时灌水。

十、缺素症

(一) 病征及病因

在魔芋生长过程中，常因缺乏某些微量元素而使其叶面褪绿黄化，生长衰弱，并出现植株早期倒伏现象。最常见的缺素症是缺镁和缺锌。

缺镁症一般在 8 月上中旬易发生，从叶边缘开始黄化，向内扩展，仅剩叶脉部分为绿色，最后全部黄化，倒伏。若症状发展快，且日照又很强，则黄化部分变白，先立枯，后倒伏。酸性土壤易发生缺镁症，久雨乍晴、日照强，发生更重。

缺锌的魔芋，初生叶片开展度小，呈 "Y" 字形，小叶细小，向内卷曲，叶脉从淡黄色至黄白色，中脉和侧脉处残留绿色，后期叶肉干缩，最后全株枯黄倒伏。块茎发育不健全，影响产量。叶片展开后才出现症状的，叶片会正常展开，绿色健全，但到 8 月份后便开始黄化，并明显褪绿；9 月份以后，中脉和侧脉仅留部分绿色，似日灼状，一般不倒伏。

(二) 防治方法

第一，对缺镁的田块，应进行深耕改土，增施有机肥及硫酸镁等含镁肥料。发病期每隔 3~4 天喷洒 1 次 5％硫酸镁溶液，共喷洒 3~4 次。

第二，对缺锌田块，除加强肥水管理以提高地力外，在播种前可增施硫酸锌。发病初期，用 0.4％硫酸锌喷洒叶面，每隔 3~4 天喷洒 1 次，共喷洒 2~3 次。

十一、花斑叶

(一) 病征及病因

魔芋在土质黏重、板结、肥水不足、植株瘦小时，叶片上常出现颜色不同、大小不等的斑点，叶缘枯黄，叶片焦卷，或叶片自然穿孔，影响光合作用，降低产量。

（二）防治方法

第一，生产中要选择适合种植魔芋的地块，供足肥水，使之早出苗，早封垄。

第二，若有发病，应及早浇水，增施氮肥，促进生理功能协调运转。

十二、非正常倒苗

（一）症状及原因

一般情况下，在魔芋生长后期因温度降低而不适应其生长时会发生自然倒苗的状况，属于魔芋种植中的正常现象。但在魔芋生长过程中，由于某些人为因素使其提前倒苗死亡，而造成损失，这就是必须要防止的。常见的非正常倒苗有以下几种：

第一，肥害倒苗。追施化肥浓度高、数量大，且又接触到植株时，容易烧苗，引起倒伏。缺镁、缺锌、缺铜时，也易引起倒苗。

第二，干旱倒苗。盛夏，魔芋地上部蒸腾作用强烈，若天旱，土壤缺水，容易引起萎蔫倒苗。

第三，病害倒苗。因发生黑腐病、软腐病、白绢病等，有时也有害虫如甘薯天蛾、豆天蛾、铜绿金龟子等，使叶柄受到损伤，容易倒苗。

第四，积水倒苗。土壤长期积水，影响根系呼吸，引起烂根，容易倒苗。

第五，冻害倒苗。收挖过晚，或收挖后贮藏期间管理不当，或春季定植过早、温度低等，都会使块茎受冻，出苗后容易倒苗。

第六，人为损伤。进入田间观察、施药、除虫、除草时，损伤叶片、叶柄、根系及茎，导致伤口感染，诱发病害，引起倒苗。

（二）防止非正常倒苗的方法

针对非正常倒苗的不同原因，可采取不同措施来防止倒苗（具体方法参考有关魔芋栽培技术书籍，这里不再赘述）。

十三、斜纹夜蛾

（一）形态与危害

斜纹夜蛾又叫作莲纹夜蛾、莲纹夜盗蛾、斜纹盗蛾，俗称芋虫、花虫，属鳞翅目夜蛾科害虫（如图3－5所示）。该害虫除为害魔芋、芋等天南星科植物外，还大量为害白菜、萝卜等十字花科蔬菜，以及茄科、葫芦科、豆科、葱、韭、菠菜、甘薯等农作物达99科290种以上。幼虫食叶、花及果实。

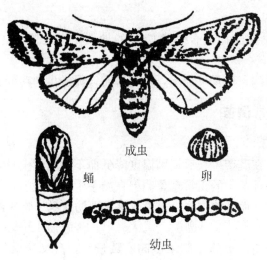

成虫

蛹　　　卵

幼虫

图 3-5　斜纹夜蛾

成虫体长 14~20 mm，翅展 35~40 mm，头、胸、腹均为深褐色，胸部背面有白色丛毛。前翅灰褐色，斑纹复杂，内横线及外横线灰白色，波浪形，中间有白色条纹。在环状纹与肾状纹间，自前翅中央向后缘外方有 3 条灰白色斜线，故名"斜纹夜蛾"。卵扁半球形，初为黄白色，渐转为绿色，孵化前呈紫黑色。卵粒集结成 3~4 层的异形块状，外覆灰黄色疏松的茸毛。老熟幼虫体长 35~47 mm，头部黑褐色，胴部体色因寄主和虫口密度不同而异，分别呈土黄色、青黄色、灰褐色或暗绿色。蛹为赭红色。自北向南，因寒暖不同，一年发生 4~9 代或以上，广东、广西、福建、台湾等地终年繁殖，长江流域 7—8 月份发生，黄河流域 8—9 月份发生。成虫在夜间活动，飞翔力强，一次可飞数十米远，飞行高度 10 m 以上。成虫具趋光性，并对糖、醋、酒液及发酵的胡萝卜、麦芽、豆饼、牛粪等有趋性。卵多产于高大、茂密、浓绿的边际作物上，尤以植株中部叶片背面叶脉分叉处最多。初孵幼虫群集取食，4 龄后进入暴食期，多在傍晚觅食。老熟幼虫在 1~3 cm 表土内做土室化蛹，土壤板结时可在枯叶下化蛹。其发育最适温度为 29℃~30℃，所以各地严重危害期皆在 7—10 月份。

（二）防治方法

第一，利用黑光灯或糖醋液（糖 6 份，醋 3 份，白酒 1 份，水 10 份，90%敌百虫 1 份，调匀；或将泡菜水加适量农药，置于盆内）诱杀成虫。

第二，3 龄幼虫为点片发生阶段，可结合田间管理进行挑治。4 龄幼虫常夜出活动，可在傍晚前后用 21%增效氰·马乳油 6000~8000 倍液，或 2.5%氯氟氰菊酯乳油 5000 倍液，或 2.5%联苯菊酯，或 20%甲氰菊酯乳油 3000 液，或40%氰戊菊酯乳油 4000~6000 倍液，或 20%菊·马乳油 2000 倍液，或 4.5%高效顺反氯氰菊酯乳油 3000 倍液，每隔 10 天喷洒 1 次，共喷洒 2~3 次。

十四、金龟子

（一）形态与危害

金龟子又叫作老母虫，为杂食性害虫。成虫咬食叶片和嫩茎，造成缺刻。幼虫（蛴螬）咬食地下块茎，咬伤处呈黑色及凹凸不平状。

成虫椭圆形，有金属光泽。幼虫头部为黄褐色，胸、腹部为乳白色或黄白色，虫体弯曲呈"C"字形（如图3-6所示）。

该虫一年发生1代。幼虫在土中越冬，翌年春季土壤融冻后，越冬幼虫开始活动，取食块茎，后做土室化蛹。6月份开始出现成虫，成虫白天潜伏土中，夜间取食叶片。施用未腐熟厩肥的田块及沙壤土中容易发生虫害，7月下旬至8月上旬虫害较重。成虫喜欢栖息潮湿、肥沃土中，有假死性和趋光性。

成虫　　　　　幼虫

图3-6　金龟子

（二）防治方法

用50％辛硫磷乳油0.5 kg对水50 L，或50％马拉硫磷乳油0.5 kg对水50 L拌种芋。7月中下旬用25％甲萘威（西维因）可湿性粉剂400倍液，或90％敌百虫800倍液，或50％辛硫磷乳油1000倍液，喷洒或灌根。

十五、天蛾

（一）形态与危害

为害魔芋的天蛾有甘薯天蛾、豆天蛾和芋双线天蛾3种。

甘薯天蛾又叫作旋花天蛾、虾壳天蛾、猪仔虫、猪八虫。成虫体大，头为暗灰色，胸部、背面为灰褐色，有2丛鳞毛构成褐色的"八"字纹。腹部、背面的中央纵线为暗灰色，各节两侧顺次有白色、红色、黑色横带3条，似虾壳状。前翅稍带茶褐色，翅尖有1条曲折斜走黑褐纹，后翅有4条黑褐色带。卵球形，浅黄绿色。老熟幼虫体长约83 mm，体上有许多环状皱纹，第八腹节有1尾角，末端下垂似弧状，体色多变。蛹长约56 mm，褐色，腹面色较淡，喙伸出很长，

弯曲似鼻状。四川一年发生 2~3 代，湖北一年发生 4 代，以蛹在地下越冬，翌年 5 月份为第一代成虫羽化盛期。成虫白天潜伏叶荫处，黄昏出来觅食，交尾产卵，卵多散产于叶背。成虫具趋光性和趋嫩性，飞翔力强，喜食糖蜜。初孵幼虫在叶背取食叶肉，3 龄后多沿叶缘取食，造成缺刻，食量大时仅剩叶柄。除为害魔芋外，还为害芋、甘薯、牵牛花等。

豆天蛾又叫作大豆天蛾，其幼虫叫作豆虫，俗称豆猪虫。豆天蛾在我国各省均有，日本、朝鲜、印度也有。魔芋、豆类都可能受豆天蛾的为害。成虫黄褐色，体长 4~4.5 cm，翅展 10~12 cm。前翅狭长，前缘近中央有 1 个半圆形淡白色斑，后翅中央有 1 条基部窄、外部宽的赭褐色带。老熟幼虫黄绿色，长 9 cm，体表密生黄色小突起。胸足黄褐色。腹部两侧各有 7 条向背后倾斜的黄白色条纹，臀部具尾角 1 个。蛹红褐色，头部口器明显突出，略呈钩状。该虫一年发生 1 代，以老熟幼虫在土壤中做土室越冬，翌年春移至表土层化蛹，7~8 月份为幼虫盛发期。成虫飞翔力很强，但趋光性不强，日伏夜出。每蛾产卵 350 粒左右，单产于叶背。幼虫在 4 龄前，白天多藏于叶背，夜间取食。幼虫在 4~5 龄时期多栖于叶片三裂片的分叉小裂片处，夜间暴食，阴雨天则全天取食，并可转株为害。

芋双线天蛾成虫体长 3.2~4 cm，翅展 6~7.2 cm。体背为茶褐色，头胸两侧有灰白色条，肩片中有 1 条白色的细纵线，腹部中线为 2 条靠近的白色线，腹侧淡红褐色。前翅灰褐色，顶角至后缘有 1 条白色斜带，其上、下有黑褐色斜带。此外，还有 5 条灰色细线，中室端部有 1 个小黑点，后翅有 1 条绿黄色亚缘带。老熟幼虫体长 7 cm，暗褐色。胸部亚背线有 8~9 个黄白斑点，腹侧有黑色斜纹及 1 列黄色圆斑，尾角黑色，末端白色。该虫一年发生 1 代，以蛹在地面越冬，成虫 8—9 月份出现，有趋光性，而幼虫 6—8 月份为害，昼夜取食。

（二）防治方法

第一，用黑光灯或糖醋液（用有酸甜味的物质，如糖、酒、醋混合液，或酸菜水与酒混合液等，内加敌百虫，置盆内，傍晚挂到地里）诱杀成虫。

第二，幼虫出现期，人工捕杀。

第三，冬季深翻土地，消灭越冬蛹，减少翌年虫源。

第四，掌握在幼虫 3 龄期前喷药杀灭。可选用 20％氰戊菊酯（速灭杀丁）乳油 3000 倍液，或 2.5％溴氰菊酯（敌杀死）3000~3500 倍液，或 50％马拉硫磷 1000 倍液，或 90％敌百虫 800~1000 倍液，或每克含菌量 70~100 亿个的杀螟杆菌，每千克对水 100~150 L，喷雾。

第四章　魔芋种芋贮藏及快繁技术

从魔芋正常倒苗到第二年春季栽种，大约有 5～6 个月的时间为魔芋种芋的休眠期。在这期间，虽然魔芋种芋处于休眠状态，但对其贮藏方式是否正确将直接影响来年魔芋种芋的质量，并影响魔芋生长状况。在我国，魔芋种植区域分布较广，各种植地区的情形也较复杂，因而应视各地区具体情况来选择适宜的魔芋种芋贮藏方式。

第一节　魔芋种芋贮藏期的生理变化

魔芋球茎在成熟收获后的贮藏中，其生理变化过程可分为以下四个阶段：

第一阶段称为后熟期，即贮藏早期，是魔芋球茎的休眠初期。在此期间，魔芋球茎内部代谢旺盛，呼吸作用很强，表皮尚未充分木栓化，球茎内的水分迅速蒸发，重量显著减少。并且，因此期间的气温较高，水汽积聚，容易引起球茎腐烂。魔芋球茎经 1 个月左右的后熟作用，表皮充分木栓化，蒸发强度和呼吸作用逐渐减弱，从而转入休眠状态。

第二阶段称为深休眠期，一般从 11 月下旬到 12 月下旬。在此期间，魔芋球茎内的酶活性减弱，对温度反应不敏感，魔芋球茎处于深休眠状态，在任何有利萌芽环境条件下均不会萌芽。

第三阶段称为休眠解除期，一般从 12 月下旬到 2 月下旬或 3 月上旬。在此期间，魔芋球茎内的葡甘聚糖酶、淀粉酶活性几乎没有变化，过氧化氢酶活性逐渐下降，多酚氧化酶活性逐渐增强，呼吸较弱。这时，若环境温度达到魔芋萌芽的起点温度，芽便可萌动，但并不继续生长，是一个破除休眠的过程。

第四阶段称为芽生长期，2 月底以后，魔芋球茎的休眠完全解除，只要环境适宜，魔芋球茎便可萌芽生长，形成植株。

在贮藏期间，魔芋球茎的呼吸和水分蒸发是引起其重量损耗的基本因素。无论用什么方式贮藏，魔芋球茎都不可避免地会发生这种损耗，总会因贮藏温度过高或过低、球茎受机械损伤以及较低的湿度等而增大损耗。

贮藏期间病害的侵染，也会造成魔芋在贮藏过程中的严重损失。病菌侵入魔芋球茎后，使其呼吸作用加强，组织细胞软化腐烂，从而失去它的种用和加工利用的价值。贮藏中，一旦魔芋种芋受冻，解冻后的魔芋种芋会呈开水浸状，并很快长出灰霉而腐烂。为此，在贮藏期间要严防魔芋球茎受腐烂病和异常温度、过度潮湿的影响。

第二节　魔芋种芋贮藏方式及管理技术

一、魔芋种芋的贮藏

常见的魔芋贮藏方式有露地越冬保种贮藏、地窖贮藏、埋藏、堆藏、室内保温贮藏等。

（一）露地越冬保种贮藏

露地越冬保种贮藏方式是指在当年不收挖魔芋球茎，让它在地里自然越冬。应用此贮藏方式时要注意如下几点：

第一，植株自然倒苗后，应立即培土，并用稻草、茅草、树叶或薄膜等覆盖。覆盖物越厚越好，以便能起到防寒的作用。

第二，在种植地上开挖围沟和畦沟，并使之沟沟相通，以利排水防渍。

第三，在次年开春后，于播前小心挖出，晾干后即可整理、运输与播种。

该贮藏方式原始、粗放，受自然条件影响很大，遇严寒天气时，容易大量发生低温冻害、腐烂的现象，故在冬季气温过低的地区不宜提倡。

（二）地窖贮藏

在土壤较坚硬的山坡或土丘旁挖建地窖，其大小（容量）以贮藏量的多少来确定，通常是贮藏量的 2 倍较宜。在魔芋球茎入窖前，必须对地窖进行消毒处理。消毒方法是：用福尔马林和高锰酸钾混合，进行熏蒸消毒 2~4 小时；或用稻草、茅草将地窖烧烤一遍。冬季低温时，要密闭窖门，但要在窖门上方留通风孔；春季气温回升后，要尽早打开窖门，通风透气。同时，要对贮藏的魔芋加强检查，及时挑出腐烂的魔芋，并在其放置部位撒上石灰粉或草木灰，进行消毒。

（三）埋藏

在地势较高、排水方便、背风向阳的地方，挖一条深为 1 m 左右、长宽随贮藏量而定的地下坑，在坑底层及四周撒上石灰粉并铺一层高粱秆等材料，将魔芋放入坑内。然后每隔 1 m 左右插上一个用芦苇编织的通气筒，气筒应高出地面 40~50 cm，以便通风透气。坑口用一层干草封闭，干草上面再覆盖 30 mm 厚的土层，将顶部封成馒头形，并在坑四周开沟。严冬季节，可用稻草等将气筒堵塞，以防低温冻害。

（四）堆藏

选择通风良好、地面干燥的仓库，先进行熏蒸消毒，然后将经过干燥和愈伤处理的魔芋进仓堆桩贮藏。其桩脚不宜过低或过高，四周用板条箱、箩筐或木板围住，高度约 1.5 m，并在当中插上若干用芦苇编织的通气筒。

（五）室内保温贮藏

通常，室内保温贮藏有以下三种方法：

第一，沙埋保温贮藏。在室内干燥的地板上，铺一层细河沙，放一层魔芋，以 3~4 层为宜，四周用干草覆盖。

第二，谷壳保温贮藏。选火炕上面的楼板上，铺一层谷壳，放一层魔芋，堆放 3~4 层。

第三，悬挂贮藏。将魔芋装入箩筐里，悬挂在门口、烟囱旁或放在火炕上面的楼板上。但在使用此贮藏方式时，应注意不能太接近火源，以避免温度过高灼伤芋块或造成大量失水，而不利萌芽。

魔芋贮藏量大时，可建立具有保温、干燥功能的和通风良好的贮藏库。同时，应在库内架设若干排架子，以便搁置盛装魔芋的容器；也可做成密集型的木（竹）架，上面直接放置种芋。库的中央用混凝土或石头建一火炉，有条件的地方可用电热装置代替火炉。在火炉上方，可铺一块铁板，以利于热量向四周平均流动；在库内湿度低时，也可在铁板上面喷水，增加湿度。该法是人工控制温、湿度，适用于大量魔芋种芋贮藏。在日本，大多采用此法贮藏魔芋种芋。

二、对魔芋种芋贮藏期间的管理

有好的贮藏场所是安全贮藏魔芋种芋的基础，但若无配套的贮藏期间管理措施，仍会导致魔芋种芋在贮藏期间增大损失。魔芋种芋贮藏期约半年，在此期间要根据贮藏环境条件及魔芋球茎的生理状态来调控，因而在贮藏前期、中期及后期的管理措施也就有所不同。

（一）前期管理

在贮藏初期，魔芋球茎的呼吸作用旺盛，释放热量大，水分蒸发量也大，外界温度尚高，容易造成高温、高湿环境而发生软腐病。因此，在管理上应注意通风换气，散热降湿，使贮藏温度稳定在 7℃~10℃，相对湿度稳定在 70%~80%，随时对所贮藏的魔芋种芋进行检查，剔除腐烂变质魔芋球茎，并在周围撒上石灰，防止蔓延。

（二）中期管理

中期管理的时间较长，魔芋球茎的呼吸及蒸腾作用减弱，外界温度低，魔芋球茎易遭受冷害或冻害。因此，应采取保温防寒为主的管理措施，保持温度不低于 5℃，最低不能达到 0℃，有条件的可适当加温。

（三）后期管理

立春（2月上旬）以后，气温逐渐回升，但冷暖多变。这时，魔芋球茎的休眠期已解除，温度较高时能促进萌芽，低温时则使芽受冷害或冻害，因而温度应控制在10℃～12℃，相对湿度控制在80％左右。这种条件既可起到催芽作用，又可防止"老死芽"的形成。在管理上应加强检查，剔除腐烂变质的魔芋球茎，并在其周围撒上石灰。

第三节　魔芋种芋的快速繁殖技术

一般情况下，魔芋是以无性繁殖为主的。根据魔芋的自然繁殖材料，可将其繁殖方法分为根状茎繁殖法、小球茎繁殖法、珠芽繁殖法、种子繁殖法；根据魔芋的人为繁殖手段，又可将其繁殖方法分为切块繁殖法、分芽繁殖法、去顶芽繁殖法、商品芋芽窝繁殖法及组织培养快速繁殖法。其中，除种子繁殖法为有性繁殖，其余的均属无性繁殖。

一、根状茎繁殖法

根状茎是由魔芋球茎上端的不定芽萌发而成的。多数根状茎形如棒状，分节明显，具有较强的顶端优势；也有少数根状茎在后期前端膨大，而尾端萎缩成"烟斗状"。根状茎生活力强，繁殖系数高，若将其切成几段则更能提高繁殖系数。生产上所用的小球茎，大多数是由根状茎生长发育而来的。因此，根状茎是生产上极为重要的繁殖材料，一般在栽培了2～3年后便可成长为商品芋。

在近年魔芋栽培生产上，由余展深提出的根状茎2年生促成栽培法，即选用大的根状茎经过特别关照使其在两年后成长为商品芋，不失为一种好的栽培方法。该方法主要是提高人们对不大在意的根状茎实施重点栽培，缩短商品芋的生产时间，同时也减少成本而降低风险。其具体做法如下：

（1）在收挖商品芋时，将根状茎全部选出，另放一边，不与小块茎掺混在一起。

（2）从收挖的根状茎中，将长得饱满、无病且较大的（80～100个/千克）根状茎选出，妥善贮藏，留作明年的种芋。

（3）翌年，在播种前的一个月，对上年选好的大根状茎进行种芋消毒，并建立苗床催芽。

（4）在发芽（1 cm）冒根时，按每亩种植1～1.2万株的密度进行定植。同时，对丰产田要进行田间管理，要特别注意对病害的防治，这样到年底根状茎便可长到150 g以上，即通过一年的种植和精心管理，可育成非常好的商品芋种芋。第二年，再将这种种芋按4000株/亩的密度栽培，年内即可长到1 kg左右。

用根状茎 2 年生促成栽培法生产的魔芋，其加工品质好，生产时间比常规栽培商品芋缩短 1～2 年，平均产量为 4～4.5 吨/亩，可算得上是丰产优质；同时，还可减少一次种芋贮藏的管理和烂种风险。在魔芋种植新区，一般只是从外地调进根状茎来栽培。因根状茎用种量少（120～150 千克/亩），可以减少调进量，更主要的是根状茎在运输途中不易被擦伤，且本身即使带病也很轻，烂种情况可大大减少，所以根状茎繁殖法也是魔芋种植新区发展的最佳选择。

二、小球茎繁殖法

收挖后的魔芋球茎大小不一，大的作商品芋，小的作种芋。商品芋都是经过小球茎发展而来的，只是要像根状茎繁殖法那样重视小球茎的栽培，尽量发挥它的生产力，并将不同年龄或大小的魔芋球茎分开种植，才能形成一套繁殖体系。

三、种子繁殖法

利用种子繁殖魔芋，也可提高繁殖系数。种子来源主要是通过大量集中种植花芽魔芋，使其开花授粉获得种子，其种子在第二年春季播种，连续种植 2～3 年，即可作为生产商品芋的种芋。由于魔芋种子是小块茎，因而种子贮藏要避免过分干燥，应采用沙积贮藏。该方法主要用于有目的的杂交育种，在生产上由于成本较高，因而暂时难以推广。

四、珠芽繁殖法

少数魔芋品种如云南红魔芋，在叶柄分叉及二次分裂处有凸出的珠芽营养体。该珠芽成熟后会自然脱落或随叶柄倒伏于土中，并于第二年重新生长植株以延续物种。据笔者观察，有珠芽的芋种不长根状茎，因而珠芽相当于花魔芋、白魔芋的根状茎，是一种无性繁殖材料，也可专门收集并栽培繁殖。

五、切块繁殖法

将球茎切为数块进行栽培，是提高繁殖系数的有效手段，一般以顶芽为中心，纵向等分切下，破坏顶芽，让每一块上的侧芽萌发生长。大小不同的球茎均可用于切块，但是由于白魔芋根状茎丰富，一般不切球茎繁殖，花魔芋球茎过大和过小，其创口面过大，成活率下降，一般宜选用 500 g 左右的球茎为切块繁殖的材料。切块的时间选在晴天的中午进行，切块时应尽量不沾水，以免葡甘聚糖溶出并包裹大量细菌。下刀要果断，切面要平整，尽量减少对球茎的伤害。

切后晾干切面水分，再浸入 0.05% 的高锰酸钾溶液 5～10 分钟，取出后在阳光下晒放一段时间，待伤口愈合后栽培。一般正式下种栽培前宜进行催芽处理，方法是将切后处理的切块放于疏松保水的沙壤土中，盖小拱棚升温催芽，待侧芽

萌发后即可下种栽培。春季晴天中午注意适当通风，早晚注意保温，20 多天后长出蚕豆大小的芽，即可选种与栽培。

六、分芽繁殖法

魔芋顶端优势特别强，但是如果种芋贮藏前将其顶芽切除或使其损伤，来年春季用小拱棚催芽，促进数个侧芽萌发。栽培时按芽切块，一芽一块，并按切块繁殖法处理伤口后下种，可以提高繁殖系数。日本过去多采用此法。

七、去顶芽繁殖法

因魔芋顶端优势强，作者试验在栽种时有意刮去顶芽而不切块，这样，在生产过程中每个从魔芋顶芽附近侧芽长出 3~6 个芽，并相继成苗，挖收时地下球茎从同一个母体上长出 3~6 个新球茎，既增加总产量，又增加繁殖数量，不失为一种简便易行的繁殖法。

八、商品芋芽窝繁殖法

商品芋的芽窝在加工时会影响精粉质量，使精粉中黑点增多。若将芽窝挖除，则既可提高精粉质量，又可将芽窝作为繁殖材料使用。其具体做法是，在鲜芋烘烤前，先用刀将芽窝连肉带皮挖下，再进行适当的药剂处理，使其在温暖干燥环境中愈合伤口，然后贮藏到春季栽培。此法可综合利用商品鲜芋，缺点是技术要求高，成活率低。

九、组织培养快速繁殖法

无论根状茎繁殖、种子繁殖还是切块繁殖，魔芋的繁殖系数都很有限，而利用现代离体组织培养技术进行脱毒快速繁殖，则可以从根本上解决魔芋繁殖系数低的问题。特别是近几年来，马铃薯组织培养快速繁殖法大量应用于生产实践中后，缺乏魔芋种芋的广大产地的人们对魔芋组织培养快速繁殖法更是充满很大的期望。组织培养为生产上快速繁殖提供了一个新的手段，接种的一个小外植体，继代 2~3 次，可得到 4~10 块甚至更多的愈伤组织。以每块愈伤组织分化 10 个芽计算（一般每块愈伤组织可分化 5~30 个芽），可得到 40~1000 株苗。如果继代多次，建立起无性繁殖系，则可不受限制地不断生产试管苗。试管苗当年可得到 10~20 g 重的魔芋球茎，再栽种 2~3 年即可作为生产商品芋的种芋用种。有条件和项目支持的企业已开始尝试生产，预计不久的将来会有突破。

花魔芋组织培养程序是：对魔芋球茎、鳞片表面消毒后，在含 0.5% 维生素 C 和 0.1% pvp 的培养皿内切成 0.5 mm 见方的小块，接种到附加 NAA 1.0 mg/L，BA 1.0 mg/L 和 3% 蔗糖的 MS 固体培养基上，25℃下暗培养，诱导愈伤组织形成。愈伤组织继代 2~3 次后，转接到含 NAA 0.1 mg/L 和 BA 1.0 mg/L 的 MS 固体培养基上，每天 16 小时光照，诱导芽的形成。待芽长到刚出鳞片时，带少量愈伤组织将芽切下，接种到含 BA 1.0 mg/L 的 1/2MS 固体培养基上，诱导生根，或直接以 BA 10 mg/L 处理芽基部半小时后栽种到泥炭培养基上。白魔芋材料比花魔芋材料易于培养。在附加 NAA 0.5 mg/L 和 BA 1.0 mg/L 的 MS 固体培养基上诱导愈伤组织。继代培养后，在含 NAA 0.1 mg/L 和 BA 1.0 mg/L 或含 NAA 0.5 mg/L 和 KT4.0 mg/L 的 MS 固体培养基上诱导发芽。以后过程同花魔芋。

云南省农业科学院生物技术研究所还创新魔芋组织培养的一步成苗技术，以花魔芋顶芽生长点为外植体，经消毒处理，接种在 MS＋6BA1 mg/L＋NAA 1 mg/L 培养基上，约 10 天的诱导培养，材料边诱导愈伤组织边分化幼苗和生根，约 28 天在同一种培养基中进一步成苗，形成完整植株，并且成苗率极高，达 95％。苗壮，移植入苗床 5~6 个月就能形成 50~100 g 左右的块茎。整个培养过程仅需 38 天，缩短了培养周期，简化了培养程序，提高了出苗率，降低了生产成本，为魔芋组织培养技术产业化的运作提供了保证。

第五章　魔芋初加工

魔芋球茎是一种含水量很高的农产品，采收的鲜魔芋球茎含水量高达85％左右，而干物质却只占15％左右。含水量这样高的生鲜魔芋球茎，在采挖、收购、运输的过程中，因转运、振动、摩擦、碰撞而极易损伤，加之外界细菌的侵入，比较容易腐烂、变质，难以长期贮藏。因此，必须对魔芋球茎进行自然干燥或人工干燥加工处理后才能较长时间的贮存、运输和进一步加工。

第一节　魔芋初加工工艺简介

魔芋初加工就是利用简陋器具或成套机械设备将采收的鲜魔芋球茎按工艺技术要求，用人工或机械方法加工成含水量≤14％的干魔芋片（条）和魔芋粗粉产品。干魔芋片（条）加工的一般工艺如下：

鲜魔芋球茎→除去主芽、根→清洗去皮→切片（块、条）→护色→干燥→检验→包装→成品。

（1）除去主芽：这一工序还未实现机械化，需要人工用刀挖去芽窝的皮和主芽，若挖不净则容易造成精粉中有黑点。

（2）清洗去皮：球茎表面附有泥沙等杂物，应清洗干净。水洗后的块茎表面因带有自由水而不利于去皮，所以需要把表面的水分沥干。魔芋表面为周皮，不含葡甘聚糖，应去掉。传统的方法是用锋利的竹片、瓷片或不锈钢刀先进行手工刮削，再人工清洗，其效率低且劳动强度大。现在已采用机械化清洗去皮，生产效率高，但由于鲜芋球茎形状不规则，往往造成凸出的部分去皮过度，凹陷的部分去皮不够，加之在滚动过程中用水淋洗时间长，部分葡甘聚糖溶出，清洗去皮的损失有时高达15％以上。人工去皮的损耗率相对较低，一般在7％，且可省去水洗环节，芋皮和泥沙一次去净。因此，在此环节中应选用合适的机型和确定合理的机械工作参数，或机械和人工相结合进行清洗去皮，以减少损失和提高清洗去皮的质量。

（3）切片（块、条）：清洗去皮后的鲜芋应及时切成大小均匀的片（块、条），以便进行干燥。机械化芋片加工中，为便于干燥，一般应将鲜芋切成5～

10 mm 厚的芋片。一种规格是切成 2.5 cm 宽、3~4 mm 厚的条。由于魔芋球茎上部水分含量多且组织细嫩，而下部质地细密，切块会造成质量不均匀。因此，在加工中应先把球茎切成 1.5 cm 厚的芋片，再将芋片切成 2 cm 宽的芋条，然后将芋条切成 6 方形平面体或三角形平面体且边长为 2.5 cm 左右的芋块。无论芋角还是芋片都要求大小均匀一致，以便于干燥处理。由于魔芋块茎中含有单宁色素，在块茎切片加工时，表面积增大，与氧接触面增加，多酚氧化酶释放，刀口处有变色现象。因此，为防止变色现象（褐变）过于严重，切片要用不锈钢刀，切片后要立刻转入下道工序进行护色处理。

（4）护色：球茎在去皮、切片后很容易变色，因此切片后应立即进行护色处理。魔芋的护色处理主要采取高温钝化酶和熏二氧化硫的方法配合进行。熏二氧化硫时，要注意其量的控制，应以最少的二氧化硫而达到最佳的护色效果。

（5）干燥：干燥工序是在自然条件或人工控制条件下，利用热能除去鲜芋片中水分的工艺过程。自然干燥是利用太阳热能和风进行干燥，不用燃料，不需要特殊设备，生产成本低；但其缺点是容易受气候的直接影响，干燥过程缓慢，难以稳定地生产出品质优良的产品。人工干燥一般在室内进行，采用专门的设备，不受气候的限制，操作可以控制，干燥时间短，能显著提高干芋片的质量；但其缺点是设备投资较大，生产成本较高。干燥是决定干芋片质量和影响加工成本的最关键的工序。

（6）质量检验：对于干芋片的含水率，可以用仪器精确的测定，也可以凭经验进行判断，还可以采用试样比较法与已知准确含水率的样品进行比较。对于干芋片的色泽可以凭感官判定，并结合干芋片的清洁程度进行分级。芋片（角）的质量应符合以下要求：

①从外观上看，芋片（角）颜色为洁白，有光泽，内外一致；一般白色为上等品，灰白色为次等品，灰黑色为等外品；芋片（角）的等级划分可根据色泽分为四等，即白色为一等品，灰白色为二等品，灰黑白为三等品，焦黄且中心部位呈黑色（夹心）为等外品。

②含水率不超过 15%，含硫量（以二氧化硫计）≤2，手触粗糙，有刺痛感。

③无皮，无泥沙，无杂物，无霉变。

（7）包装：为防止受潮和污染，经检验后的干芋片，一般应进行包装。

第二节　清洗去皮与切片

一、清洗去皮

清洗去皮现已广泛采用机械化操作，在一台机器设备上完成。常用于魔芋清洗去皮的机器设备有以下几种。

（一）螺旋式清洗去皮机

螺旋式清洗去皮机的结构如图 5-1 所示，由水槽、漏泥网、螺旋升运器、传动系统和水泵所组成。魔芋球茎倒入水槽后便进入螺旋升运器中，并被一面提升，一面靠水流和魔芋球茎之间的冲洗搓擦去除其表面的泥沙。为提高洗涤效果，螺旋叶片上往往固定有毛刷。洗净后的魔芋球茎由于已被提升到一定的高度，因而正好进入下道破碎工序。这种机器设备生产率较高，应用也十分普遍。

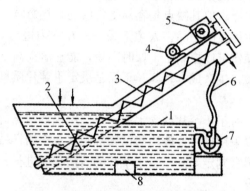

图 5-1　螺旋式清洗去皮机结构示意图

1 水槽　2—漏泥网　3—螺旋升运器　4—电机
5—减速器　6—水管　7—水泵　8—排泥口

（二）滚筒式清洗去皮机

滚筒式清洗去皮机的结构，如图 5-2 所示。该机器设备的滚筒长度一般为 2~2.5 m，直径为 600~800 mm，并在滚筒内部焊有螺旋导板，以推动魔芋球茎一面清洗一面前进。因滚筒是由圆钢焊成的栅格形式，所以污泥、土块均能从栅格的缝隙排入水槽，最后从排污口排出机外。

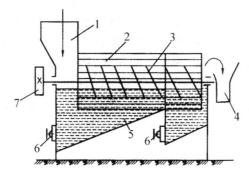

图 5-2　滚筒式清洗机结构示意图

1—加料口　2—滚筒　3—螺旋导板　4—出料口

5—水槽　6—排污口　7—皮带轮

（三）刷式清洗去皮机

该机器设备采用旋转的刷子作为主要工作部件。当鲜芋装入机内后，被旋转的刷子带动而翻滚，靠刷洗和摩擦作用完成清洗去皮，并且清洗去皮的时间也由刷子的运动来控制。这种机器设备的清洗去皮效果较好，生产率较高，刷子是由纤维、橡胶、塑料等材料制成的，所以刷子使用寿命较短，需经常更换。

综上所述，不管用什么方式清洗去皮，均得不到完全去皮的目的，其原因是魔芋形状不规则，尤其是芽窝不能去皮。因此，在魔芋初加工工艺中，均有一道人工再清理的工序。

二、切片

机械化芋片加工中，为便于干燥，一般将鲜芋切成 5～10 mm 厚的片。常用的切片机有以下几种。

（一）离心式切片机

离心式切片机的主要工作部件有可转动的叶轮以及筒体等，并在筒体内壁装有固定刀片。当鲜芋进入机内后，旋转的叶轮将拨动鲜芋回转，并保持适当的回转速度。由于鲜芋产生的离心力远大于自身的重量，因而可以紧贴在筒体内壁上，并受叶轮拨动而相对于筒体内表面移动。当魔芋球茎通过固定刀片时，即被切成所需厚度的芋片。这种机器设备的结构简单，生产效率较高。但该机器容易产生较高的物料破损率，尤其在加工含水量高的魔芋时，其破损率更高。

（二）往复式切片机

往复式切片机的主要工作部件有可做往复直线运动的刀片以及盛装物料的料斗等。将鲜芋堆放于料斗内，并利用其自身的重力而压在刀片上，然后靠刀片的往复运动来完成切片。这种切片机所切的芋片尺寸均匀，对不同大小的魔芋适应性强，允许使用切削刃长的刀片，易与干燥设备匹配，应用于芋片加工生产线上效果良好。该切片机最关键的部件是刀片，薄且锋利的刀片，加工消耗的动力小，可使物料的损伤最小。此外，在切片表面上有一些小孔隙出现，这有利于水分蒸发。刀片用不锈钢制造，并经热处理达到较高硬度，以保证有良好的耐磨性。使用过程中，当刀刃磨损到一定程度时，应磨刃，使刃口锐利。因该切片机存在的问题是切片厚度有时不均匀，所以还要在切片厚度的均匀上下功夫，即除了刀片应采取向下斜切的方向并保持料斗原料高度的稳定外，还应进一步改进切刀质量。

第三节 护 色

一、褐变控制

芋片加工过程中，容易产生色变，变成褐色或黑色，一般称为褐变。因褐变会使干芋片价值大为下降，所以在芋片加工过程中必须着力控制褐变。褐变作用按其机理分为酶促褐变和非酶促褐变两大类，而能控制酶促褐变的方法主要有如下两种。

（一）热处理法

在适当的温度和时间条件下，加热物料可使酶失活，而不同的酶对热的敏感性不同，其失活的温度也有差异。多数情况下，多酚氧化酶在70℃~90℃热处理短时即可使其部分或全部失活，在71℃~73.5℃的湿热条件下多酚氧化酶5分钟便失活。

（二）二氧化硫及亚硫酸盐处理

二氧化硫及亚硫酸盐是酶的强抑制剂，特别是二氧化硫及亚硫酸盐溶液在微偏酸性（pH≈6）的条件下对酶的抑制效果最好，而只有游离的二氧化硫才对酶起作用。在实验室条件下，10 mg/kg 二氧化硫即可完全抑制酶，但在实际应用中，因挥发损失及与其他物质生成加成物等原因，二氧化硫的使用量常达到300~600 mg/kg。二氧化硫处理法的优点是使用方便，效力可靠，成本低，有利于保存维生素 C。其主要缺点是有不愉快的嗅感与味感。二氧化硫残留浓度超过0.064%即可感觉，并破坏维生素 B_1，有腐蚀作用。在食品加工中对二氧化硫的使用量有如下规定：其使用量不得超过300 mg/kg，成品中最大残留量应小于20 mg/kg。物料中残存的二氧化硫可用抽真空、炊煮或使用 H_2O_2 等方法去除。

（三）其他方法

除上述两种常用的方法外，还有其他一些方法，如驱除或隔绝氧气、改变酶作用条件（即使用酸处理来改变 pH 值）、加酚酶底物类似物等。

二、芋片加工中的护色

鲜魔芋球茎中除含有多酚类物质和活性较高的多酚氧化酶外,还含有还原糖、游离氨基酸和粗蛋白。因此,在加工过程中(去皮、切片和加热),两种褐变都会产生,而且变化速率快,往往因控制褐变方法不当而影响干片质量。

在实际生产中,常采用二氧化硫(熏硫)控制褐变,二氧化硫既可以使酶失活而抑制酶促褐变,又可以控制非酶褐变。因为鲜魔芋球茎切片后会在很短的时间内发生褐变,所以应即时进行护色处理。在机械化芋片加工中,是将切片机与干燥设备就近组合,所切出的鲜芋片会被立即投入干燥设备,在干燥阶段初期用二氧化硫进行处理。护色可结合切片的干燥工序进行。此外,用硫黄燃烧生成的 SO_2 也有护色作用,但其时间应控制在 1~2 分钟,不能过长。

用二氧化硫处理芋片有两种方式:一种方式是用专设的简单装置使粉状硫黄燃烧产生二氧化硫气体,再与热空气混合,并进入第一级干燥设备内使芋片受硫;另一种方式是使用气体二氧化硫与热空气在专设的装置内混合后,进入干燥设备内使芋片受硫。总之,应在干燥阶段初期就使用二氧化硫,同时配合使用较高温度的热空气,形成湿热环境,即可使酶较快失活,而达到护色目的。

第四节 芋片的干燥

一、鲜芋烘烤脱水的原理

鲜魔芋球茎含水分 80%~90%,碳水化合物 10%~14%,蛋白质 2%~4%,灰分 0.7%。因此,必须及时对魔芋球茎进行人工干燥,这样才能对其做较长时间的贮藏、运输和进一步加工。鲜魔芋干燥过程既要使其脱水干燥,又要控制其褐变,使魔芋干片的颜色洁白。但是,因鲜魔芋球茎含水量高,而且葡甘聚糖亲水性特强,使得鲜魔芋不易干燥又特别容易褐变,其初加工要比其他农副产品的初加工更困难。

利用热能除去物料中水分的过程称为干燥或脱水,干燥通常是指将产品中的水分除去使其与大气中的空气达到平衡或降至含水率为 12%~14%。按传热方式,干燥方法可分为对流干燥、传导干燥、辐射干燥和介质加热干燥。在芋片加工中,对流干燥使用最广。在对流干燥中,通常是以热空气为干燥介质。物料的水分蒸发依靠两种作用:干燥介质将热能传给湿物料,湿物料表面首先吸热,使表面水分子挣脱其他分子的阻碍而蒸发,即外扩散作用;与此同时,由于物料表面水分蒸发的结果,造成物料内部和表面之间水分含量的差别——内部水分高于表面水分,因此内部水分以气态或液态的形式向表面扩散,即内扩散作用。

干燥进行的必要条件是物料表面的水汽压强必须大于干燥介质中水气压强，两者的压差是水分蒸发的推动力，压差愈大，干燥速率愈快。所以，干燥介质应及时将物料蒸发出来的水汽带走，以保持一定的蒸发推动力。若压差为零，则干燥过程就会终止。由此可见，干燥是传热和传质相结合的过程，干燥速率同时由传热速率和传质速率所支配。

对于鲜芋片的干燥，保持外扩散作用和内扩散作用的相对平衡是非常重要的。如果水分的外扩散作用远远超过内扩散作用，芋片表面会因为过度干燥而形成硬壳，阻碍水分的继续蒸发，延长干燥时间，从而降低干芋片的品质，并且会特别容易出现"溏心"和黑心。因此，干燥时要控制好温度，使水分的内、外扩散速率能适当配合，以保证得到优质干芋片。

（一）鲜魔芋干燥脱水过程

鲜魔芋中含有大量水分，并因魔芋品种、产地、收挖季节不同，而其含水量所有差异，如白魔芋的含水量为80%～85%，花魔芋的含水量为90%。若按水与干物质的结合状态来划分，魔芋中所含有的水分可分为以下三种存在形式：

第一，机械结合水或游离水。机械结合水包括毛细管中的水分和附着在魔芋表面的水分，水与干物质的结合比较松弛，流动性大，干燥过程中容易蒸发排除。

第二，物理化学结合水。不按正常定量比与物质结合的水分，称为物理化学结合水。并且，该结合水可以进一步分为吸附结合水和结构结合水。

①吸附结合水。吸附在物料胶体微粒内外表面力场范围的水分，称为吸附结合水。其中，与胶体微粒结合的第一层水分子吸附得最牢固，随着水分子层数的增加，其吸附力将会逐渐减弱。在干燥过程中，要消耗大量的热量才有可能将它们除掉。

②结构结合水［胶体结合水（又称束缚水）和渗透结合水］。胶体溶液凝结成胶体微粒时，以胶体微粒为骨干形成体内保留的水分，称为胶体结合水；另外，在多孔体内溶液的浓度较它表面外围高时，在渗透作用下保持的水分，称为渗透结合水（实际上，这也是胶体正常借渗透压所保持的水分）。所以，这两种结合水都称为结构结合水。

第三，化学结合水。按定量比牢固地与物质结合的水分，称为化学结合水。由于化学结合水是最稳定的结合水，因而只有通过化学方法才能将其分开，在干燥过程中是无法将其排除的。

在魔芋干燥加工中蒸发掉的水分主要是机械结合水和部分渗透结合水。因此，魔芋干燥过程可以分为以下两个时期：

第一，等率干燥期。这一时期的物质内部含有大量的水分，等率干燥期一直进行到自由水表面消失为止，之后水分移出的速率则随之减少。

第二，减率干燥期。实际中，农产品的干燥主要发生在减率干燥期。在这一时期，魔芋从洗涤到干燥经历了一段等率干燥期后，便很快转入减率干燥期。减率干燥分为两个步骤：水分从物质内部转移至表面，水分从物质表面蒸发至空气中。

清洗、去皮、切片处理后的鲜芋片均匀地铺放在干燥器内，当芋片与热空气接触时立刻被加热，芋片表面的水分子受热，吸收热量，由液态变为气态蒸发，此过程称为水分的外扩散。由于外扩散的进行，芋片表面水分逐渐减少，此时芋片的水分由内部向外部转移。由于热气流不断地给芋片加热，芋片不稳定的机械结合水和游离水分被蒸发并随热气流排除，含水量也随时间而降低。此阶段芋片温度稳定，单位时间内蒸发的水分一致，干燥速度均匀，向芋片提供的热量全部耗于水分蒸发，芋片温度不再上升。若芋片层薄，它的水分将以液体状态转移，芋片内各部位的温度和液体蒸发温度相等。若芋片层较厚，部分水分也会在芋片内部蒸发，此时芋片表面温度等于湿球温度，而它的中心温度低于湿球温度。

当大部分机械结合水和游离水排除后，开始蒸发吸附结合水和结构结合水时，芋片温度逐渐升高，含水量的减少趋于缓慢，单位时间内蒸发的水分逐渐减少，干燥过程进入降率阶段，此时芋片的水分称为第一临界水分。随着干燥时间的延长，当芋片脱水到一定程度时，表面和内部水分达到平衡状态，热气流的温度与芋片温度相等，此时水分蒸发停止即芋片水分达到平衡水分时，干燥终止。

（二）影响魔芋干燥的主要因素

1. 鲜芋片（条）表面积

鲜芋去皮清洗后，切条切片或芋角对干燥效果有着较大影响。同样重量的无皮干燥物质，若表面积愈大则干燥效果愈好。因鲜芋切成薄片（条）后，缩短了热量向鲜芋中心的传递和水分从鲜芋中心向外移动的距离，增加了鲜芋和介质（热空气）相互接触的表面积，为鲜芋内水分向外逸出提供了更多途径，从而加速了水分蒸发和鲜芋的脱水干燥。

2. 介质温度

传热介质和鲜芋表面温差越大，热量向鲜芋传递的速度越快。当以热空气为介质时，鲜芋的水分以水蒸气状态逸出，鲜芋周围会形成饱和水蒸气层，必须及时将其排除，否则会阻碍鲜芋水分的继续逸出。在饱和状态时，空气温度越高，可容纳的蒸气量就越多，有利于鲜芋水分的蒸发。

3. 空气流速与流向

加速空气流动，能及时将聚积在表面附近的饱和湿空气带走，减少阻碍鲜芋内水分的进一步蒸发。同时，因与鲜芋表面接触的空气量增加，而显著地加速鲜芋内水分的蒸发。所以，空气流速越快，鲜芋干燥速度就越快。

4. 空气的干燥程度

以热空气为干燥介质时，该热空气越干燥，鲜芋干燥速度就越快。接近饱和

状态的湿润空气吸收和带走鲜芋的蒸发水分的能力比干燥空气差。而饱和的湿润空气不能再吸收和带走鲜芋的蒸发水分。

5. 大气压力

大气压力为 760 mmHg（1 个大气压）时，水的沸点为 100℃。若大气压力下降，沸点也下降。在温度不变的条件下，气压降低，沸腾加快，鲜芋水分的蒸发也加快。所以，对一些热敏物质的干燥脱水常采用低温、真空的方法进行干燥。

6. 控制酶的活性

酶在鲜芋中存在，并具有相当的活力。当植物组织受损伤后，组织内的氧化酶将多酚类物质或其他鞣质、酪氨酸等氧化成有色色素。因此，在鲜芋干燥过程中，首先必须对酶进行纯化处理，防止变色。

二、芋片干燥设备

芋片的干燥在分散且量较小的生产中，常采用简易的烘烤设备；而在批量生产中，则广泛使用多种性能良好的干燥设备。为提高芋片质量，提高生产率，减轻劳动强度，我国已研制出多种性能良好的干燥设备投入使用。

（一）传统烘烤设备

传统烘烤设备是最简单的烘烤设备，即利用一般的灶，在其上架上铁架和铺上竹篾垫，将鲜芋片（条）均匀地铺在竹篾垫上进行烘烤。灶中燃料多用焦煤、无烟煤。这些烘烤设备的优点是，构造很简单，易制造，设备费用低，操作简单，因而至今仍得到芋农与个体户较广泛地使用。但传统烘烤设备也存在严重缺点，如靠辐射传热，静态干燥，芋片干燥时间很长（烘烤一批要 40~45 小时），干燥很不均匀，酶的钝化处理（熏硫）难于控制。因此，利用传统烘烤设备干燥的干芋片，其质量差，黑片较多，含硫量易超标，资源浪费大，劳动强度也过大。在传统烘烤设备中，四川安县烘灶烘烤设备就具有较强的代表性，其烘灶结构如图 5-3 所示。使用该烘烤设备的具体操作是，灶内用木炭或煤作为热源，在其上放上竹垫子，火堆离垫子的高度为 40~50 cm，垫上不重叠地放置经漂白的鲜芋片，火力均匀，温度控制在 50℃~60℃，进行慢烤。待芋片至 5~6 成干时，可以将其重叠放置来进行烘烤，并且温度在 30℃~40℃。烘干的成品芋片应为白色，水分含量也应合格。

1. 燃料条件

无烟煤作为烘灶的燃料，理想的无烟煤应在燃烧时起绿色火苗、能结块，以达到火温高且持久的效果。煤燃烧时不能结块，可用黄泥浆拌和，但拌和黄泥浆后仍不能结块的煤，则不能使用。若无无烟煤资源，且对该煤的性能又不能确定时，则不要盲目使用。

2. 建灶及附件

应根据生产量来决定所建烘灶的大小，即按每天需要烘烤的芋片量来确定洞灶数。同时，还应根据房屋大小来设计烘灶的布局。理想的烘炕应背靠背建立，即烘笆相隔相连，既保持温度，又节约能量，也便于上炕翻动芋片（条），同时上煤、出煤渣畅通。不具备此条件的，可借助用一方墙壁建灶，以节约建筑材料。

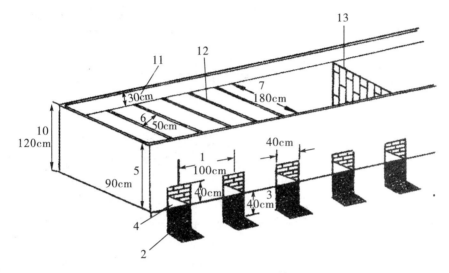

A. 烘灶主体图

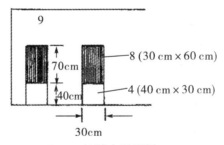

B. 灶膛内平面图

图 5—3 烘灶结构示意图

1—灶距 2—炉灰洞 3—炉灰洞底距 4—灶门与灶门板（过火板）

5—灶膛底部及炉桥至烘笆距离 6—承重抬杠间距 7—灶宽 8—炉桥 9—灶膛内平面

10—灶背高 11—护栏围边高 12—抬笆杠（使用承重强的钢管） 13—隔火墙

按烘灶结构示意图标注的规格建灶，其关键部位说明如下：

（1）隔火墙。4～5 洞灶应修建隔火墙，即把多个洞灶隔为一组，可使温度相对稳定；生产量少时，既可以逐组烧灶，又可以选择一组灶作为芋片复烤时使用。

(2) 安装炉桥。由过火板至底部应外高而内低，保持 5～7 cm 的高差才能拉火，使火力更大。

(3) 过火板。每一洞灶必须吊挂过火板（废锅盖、废铁皮），并距烘笆 40 cm，这样既可避免火苗直接烧坏烘笆，又可使温度均匀。

(4) 抬笆杠。用废旧角钢、钢管作为抬笆杠，要求结实牢固且安装平整。

(5) 烘笆。用竹编制，只去竹节或薄薄的黄篾，编制严密（减少漏碎末），结实，能承受人的重量，表面光滑；灶建多宽，烘笆就编制多宽(180～200 cm)，尽量减少接头。

(6) 竹筐。用于装洗尽皮的鲜芋及切好的芋片（条），其数量根据生产量确定，其规格为底部 50 cm×50 cm，口面 60 cm×60 cm，高 60 cm。

3. 烘烤步骤

(1) 高温固色。鲜芋片（条）上炕〔把芋片（条）放在烘笆上面〕，应先上料在炉火上方以"压火"，再上料在炉火周边。此时，灶膛内的温度应掌握在 80℃～100℃。鲜芋片（条）内有大量的自由水存在，高温可使鲜芋片（条）内部水分向表层扩散（内扩散）和表面水分向空气中扩散（外扩散），并保持平衡；同时，自由水又借助魔芋毛细管道的渗透作用而自由移动，源源不断地扩散到表层和蒸发到空气中。高温烘烤时间应控制在 5～6 小时，以芋片（条）表面干燥、结膜为准。温度过高、时间过长，会使芋片（条）表面发黄或焦煳；温度过低、时间过短，又会造成"夹心"和颜色暗淡。所以，这道工序是决定芋片（条）色白、不夹心和在光线照射下半透明的关键，掌握不好火温和时间，烘成黑色后是不能改变和补救的。

(2) 中温排湿。在烘烤的中后期，芋片表现为其水分在缓慢地减少，而表面结膜的芋片（条）由于自由水的减少，内扩散减弱，这时应把火温降到 60℃～80℃，以减少外扩散，重新使内外扩散平衡。否则，水分子外扩散速度大于内扩散速度，芋片（条）表层得不到足够的内层水分补充会收缩结壳，内层水分更无法蒸发出来，而出现外干内稀的现象。在此期间，要翻烘 2～3 次，中间的芋片（条）要翻到两边，两边的芋片（条）要翻到中间，边角处的芋片（条）也要仔细翻到。因火力是向四周分散的，边壁反射热源的热能，所以靠边壁的温度相对高些。因此，翻烘时芋片的摆放应从中部至边壁逐渐增厚。在中温期，火温过高会造成"皮焦骨头生"的现象；火温过低又会造成"煮豆豉"现象，使芋片（条）变乌变黑。因此，中温烘烤的时间应控制在 18 小时左右，标准是芋片（条）失水 70%～80%，基本干了，即可下炕。下炕后的芋片（条）集中堆放 2～3 天，使芋片（条）内部的水分重新均匀分布。但堆放过久而不复烤，芋片（条）会发生霉变。

(3) 低温复烤。经过 2～3 天的堆放，芋片（条）中心、周边及表面的水分平衡，干湿一致。这时，应集中用一组灶对芋片（条）进行复烤。芋片（条）摆放的厚度为 30～40 cm，上面用麻袋掩盖，火温应控制在 30℃～40℃，烘烤时间为 24～48 小时，直至其全干。芋片（条）全干的标准是绝对含水量（化合水）在 14％以内，常规的检验方法是翻动芋片（条）有清脆的响声，无软片（条），无溏心，质地坚硬，捣碎能成粉末。此工序是烘烤的最后一道工序，必须在低温下长时间慢烘。火温过高，会使芋片（条）"老火"而变成黄色甚至焦黑，严重影响品质，大幅度降低商品价值，使此前所做的工作毁于一旦。

（二）双列隧道式干燥设备

双列隧道式干燥设备属于连续进行作业的魔芋干燥设备。如图 5-4 所示，多辆载有芋片（条）的小车彼此紧靠着通过隧道，并与干燥介质平行或相对移动。每辆小车的架子上均匀摆满竹编簸箕，簸箕内平铺着芋片（条），处于静止状态。当推入一辆载有鲜芋片（条）的小车时，隧道内彼此紧靠的小车都向出口端移动。小车沿隧道的移动靠小钢轨安装时的倾斜度或安装的推车机带动。隧道两端设置有能开启和紧闭的隧道门，隧道门可为双开门，也可为旁推式或升降式，有用人工开闭的，也有用机器开闭的。隧道中的干燥介质以纵向循环的方式或复式循环的方式进行，热空气经进气管道送入，废气经隧道顶部的排气孔排除。隧道一般用砖砌成，并采用保温绝热措施，隧道长度根据生产率设计，多为 20～40 m，小车与隧道内壁的间隙应尽量小，否则大量热空气可能经物料与隧道内壁间隙较大的一边穿流而过，却不能充分利用。物料在小车上的装卸是在隧道外的两端进行，卸料后的空小车经转车盘换向后，向进料口移动。装好鲜芋片（条）后，打开进料口隧道门推入物料小车，同时出料口隧道门开启，将载有已干燥的芋片小车推出。

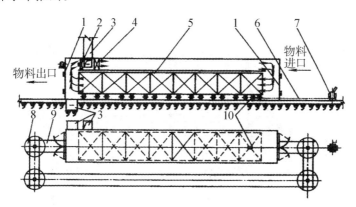

图 5-4　双列隧道式干燥器示意图

1—门　2—鼓风机　3—废气出口　4—预热器　5—小车
6—钢索　7—绞车　8—转车盘　9—回车道　10—滑车

在双列隧道式干燥设备中，由于存在热空气自然分配的原因，将会产生芋片（条）干燥不均匀的现象。当顺流热空气与物料移动同向时，这种现象更为突出，干燥热空气首先接触含水率极高的鲜芋片（条），其温度会迅速下降而湿度会增加，使芋片（条）的干燥效率下降；逆流时干燥热空气首先接触已近干燥的芋片（条），空气降温慢，温度增加平缓，使芋片（条）的干燥效果较好，但空气流速必须相应提高，以保证气流在进料端仍能分层穿流。为合理利用空气的热量，提高干燥效率，降低能耗，目前的双列隧道式干燥设备已采用了废气回收利用逆流—顺流分段进行的方式。

为了提高双列隧道式干燥设备的干燥效果，改善对物料干燥的均匀性，广泛采用多段式结构，空气在各区段的循环依靠多个风机进行，使空气横向速度加大，减少热空气与物料间的阻力，提高产品质量，且有操作简单优点，但因为人工装料卸料，隧道门时开时闭，造成了劳动条件差，自动化程度低，热效率不高，生产率不易提高的缺点。

（三）网带式干燥设备

网带式干燥设备属于穿流气流型魔芋干燥设备。如图5-5所示，长方形箱体大多是用金属构件组成的，并在其外部采用了加装保温材料的措施，箱体的长、宽、高按生产率设计。箱体内安装有3～8组（层）金属网带，其网带用直径1 mm的不锈钢丝编织，也有使用镀锌铁丝编织的，各层网带在驱动装置的牵引下沿水平方向做彼此相向移动。物料经输送装置首先进入顶层网带，均匀铺入，并缓慢移动，被热风干燥。当物料运行到网带后端时，均匀撒落在下层网带上，并随网带向前端移动；当物料运行在前端终止位置时，又自由撒落到再下一层网带上。如此缓缓移动，物料逐层往下撒落，最后经最外层网带到箱体物料出口，将已干物料撒落到输送带上，供人工分级、包装。

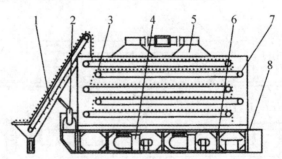

图5-5　网带式烘干机示意图

1—输送装置　2—变速装置　3—干燥室　4—下风道
5—排湿口　6—机架　7—网带装置　8—接料斗

当物料在上述各层网带上往复移动的同时，热空气分层从网带下，由下而上地经过丝网与物料充分接触，进行湿热交换，干燥物料，而带有大量水汽的废气则经过箱口排空。

网带移动的速度可由变速机构进行调整，为提高物料干燥的质量，箱体内可将干燥过程进行分段，各段分别通入热空气和排空。为减少热量损失，整个箱体必须进行高温处理，消除箱体连接处的间隙，尽量减少进、出料口的热空气损耗。

网带常用直径 1 mm 的不锈钢丝编制而成，两侧应有 75 mm 的翻边，以防止物料撒落。由于魔芋干燥脱水量大，网带面积必须宽大，其上面铺放的芋片较多，所以网带能承重非常重要。一是网带两侧下应设置角钢滑道，供网带上面移动；二是网带承重段每间隔一定距离应安装托辊，这样既解决了网带的承重问题，也防止了网带运行时可能出现的网带跑漏现象。为了防止网带运行中的纵向拉伸变形而影响正常传动，还应设置拉紧机构，使其网带负荷和受热变形后均能处于张紧状态。

网带式干燥设备目前有单台使用的，也有两台串联使用的，还有与振动流化床干燥设备串联使用的。其热源大多是由无管式热风炉供热风的，也有直接使用重油或柴油燃烧供热风的，还有使用天然气直接燃烧供热风的。

网带式干燥设备目前应用较为广泛。其主要优点是能连续生产作业，自动化程度较高，网带运行速度可调，有较广的工艺适应性，热空气与物料充分接触，热效率较高，物料含水率较为均匀。目前，由于设计和制造水平的原因，网带易破损、物料铺放无均匀性需人工调整等缺点还较为突出。

（四）厢（盘）式干燥设备

厢（盘）式干燥设备又称为室式干燥设备，一般小型的称为烘箱，大型的称为烘房。厢（盘）式干燥设备为常压间歇操作的典型设备，可用于干燥多种不同形态的物料。这种干燥设备的基本结构如图 5-6 所示，它是由推车、盘架、温度控制器、风机和若干长方形的浅盘所组成。被干燥的物料放在浅盘中，一般物料层厚度为 30~50 mm。新鲜空气由风机吸入，经加热装置加热后沿挡板均匀地进入各层挡板之间，在物料上方掠过而起干燥作用；部分废潮气经排出管排出，余下的循环使用，以提高热利用率。废潮气循环量可以用吸入口及排出口的挡板进行调节。空气的速度由物料（魔芋片）的厚度而定，应使物料不被气流带走为宜，一般为 4~8m/s。这种干燥设备的浅盘放在可移动小车的盘架上，使物料的装卸都能在厢外进行，不致占用干燥时间，且劳动条件较好。

厢式干燥设备的优点是构造简单，设备投资少，适应性较强。缺点是装卸物料的劳动强度大，设备的利用率低，热利用率及产品质量不易均匀。它适用于小规模多品种、要求干燥条件变动大及干燥时间长等场合的干燥操作，特别适合于山区农民干燥多种农副产品时使用。

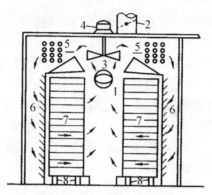

图 5—6　厢式干燥设备结构示意图

1—空气入口　2—空气出口　3—温控器　4—风机

5—加热器　6—挡板　7—盘架　8—移动轮

（五）振动流化床干燥设备

在这种干燥设备中，往复式切片机将物料铺放在分布板上，热空气由下部通入床层，并随着气流速度加大到某一程度，靠振动电机的振动，物料在床层内处于沸腾状态。

在流化床干燥过程中，物料悬浮于热空气中，与热空气接触面积大，热效率高，干燥速率快，干燥均匀，已获得广泛应用。在振动流化床干燥设备中，工作床层依靠机体两侧的振动电机产生机械振动，使物料能沿床层跳跃前进，并可在较小气流速度下使物料沸腾。调整振动参数可以改变物料在机内的停留时间。

在实际的芋片干燥中，振动流化床设备既可由 2~3 台串联使用，也常与其他干燥设备配合使用，如网带式干燥设备。

第五节　魔芋无硫干燥技术

随着魔芋市场的扩大，特别是国外食品市场份额的增加，国外对魔芋食品安全性的要求越来越高，其中对二氧化硫的反映尤其敏感。近年来，各地都在酝酿搞有机魔芋，虽可由鲜芋直接制成有机食品，但考虑到运输成本与腐烂等因素的影响，还必须要过无硫干燥这一关。因此，魔芋的无硫干燥技术是很重要的技术发展方向。目前，无硫干燥方法主要有以下几种。

一、快速高温杀酶法

可选用 MDG 高效强力快速干燥设备，将鲜芋经过捣碎，不添加二氧化硫，经 100℃以上的高温大约 2 分钟的时间快速干燥，获得魔芋毛粉，再经精粉机和研磨机加工为有机魔芋粉。该法的缺点是，所加工出的魔芋粉色泽发暗，颜色偏灰黑色，不及普通魔芋粉有光泽。当然，若选用白魔芋或赤城大玉品种等不易褐变的魔芋原料，产品色泽和颜色会好些。

二、低温冷冻干燥法

通过低温（0℃以下）冷冻负压干燥，魔芋几乎不发生褐变，颜色仍保持为刚切开的白色。但由于该法使用的魔芋原料未经过逐渐收缩变小的过程，葡甘聚糖不能形成精粉颗粒，干片一经粉碎即成粉末状，需由特别分离器分离。因此，在实际使用中往往不进行分离，而直接做成无硫全粉魔芋食品。

三、选择不易褐变的品种进行普通干燥法

选用普通的网带式干燥设备，若不使用二氧化硫熏蒸，则芋片颜色发黑，商品性太差。但选用白魔芋或赤城大玉品种作为魔芋原料加工，不使用二氧化硫，其芋片色泽仍可达灰白色，经精粉机再加工后可生产出市场能接受的无硫魔芋粉。

四、常温快速失水干燥法

常温快速失水干燥法是由重庆里茂农产品开发有限公司研制出的一种魔芋无硫干燥法。该干燥加工方法是将鲜魔芋洗净、去皮、切片（或丁）后，按魔芋：植物淀粉（或纤维素或半纤维素）＝1∶（0.3~10）加入，在室温下进行拌和、混合粉碎、烘干，然后用魔芋精粉机进行粉碎、研磨、分离，即得产品。该加工方法简单方便，成本低，对环境无污染，所加工的产品不含硫成分，符合国家食品标准，食用安全无害，所制得的产品具有较强的市场竞争能力。

五、添加无害物抑制褐变干燥法

将芋片放入适量添加了抗坏血酸（或柠檬酸）的溶液中浸泡后，可抑制芋片的褐变。然后，再将烘烤出的色白、无有害物质的魔芋干片经精粉机和研磨机加工，即可生产出无硫魔芋粉。

六、惰性气体保护下微波加热抑制褐变干燥法

惰性气体保护下微波加热抑制褐变干燥法具有如下特点：

（1）加热速度快，干燥效率高，干燥质量高。微波加热是一种辐射加热，是微波与物料直接发生作用，使其里外同时被加热，无须通过对流或传导来传递热量，所以加热速度快，干燥效率高，干燥质量高。

（2）真空状态下干燥，温度可控，可以避免魔芋中葡甘聚糖的"糊化"。由于魔芋和魔芋精粉中水分去除较困难，采用现行的魔芋精粉加工技术对魔芋或魔

芋精粉干燥时，都需要经过长时间的温度大于100℃的高温处理，而当干燥温度大于85℃并持续一段时间后，其表面会产生结壳、变色、变质的现象，这一现象便称为"糊化"。葡甘聚糖糊化后，其膨胀系数，表观黏度等质量指标均会大大降低。而在真空状态下干燥，水的沸点将显著降低，例如在0.073个大气压（7.37 kPa）下，水的沸点只有40℃。

（3）真空状态下干燥，可以避免魔芋发生褐变。现有的研究表明，魔芋的褐变主要发生在加工前期由酶促褐变所引起，而发生酶促褐变的条件是多酚类物质、多酚氧化酶和氧气三者同时存在，缺一不可。真空状态下干燥，去除了氧气，因此可以非常有效地抑制魔芋发生褐变。一种魔芋微波杀酶干燥的加工方法（专利号：02113421.9，专利名称：魔芋微波杀酶干燥的加工方法），其特征在于：取鲜魔芋洗净、去皮、切片后，用频率为915～2450 MHz微波将鲜魔芋片杀酶3~5分钟，然后烘干，再用魔芋精粉机进行粉碎、研磨、分离，即得无硫魔芋精粉。但笔者的实验表明，按此方法加工魔芋，即使褐变不明显的魔芋，在加工过程中也会大面积的褐变，其主要原因就是未考虑氧气对褐变反应的影响。

（4）采用先微波真空干燥后湿法加工的顺序能明显降低酒精的用量。例如，干燥至原先质量的50%，可减少至少一倍的酒精用量；干燥至原先质量的30%，可减少至少两倍的酒精用量。同时，由于采用的是微波加热的方式，加热均匀，不会产生表面结壳的现象，为快速粉碎提供了条件。

（5）整个加工过程中，魔芋褐变能力弱。因此，可以不用护色，或采用无硫护色试剂护色，或采用远低于规定使用浓度的亚硫酸盐护色，制得无硫或低硫的魔芋精粉。

第六章 魔芋精粉加工

　　魔芋精粉（胶）是一个中间产品，为葡甘聚糖的粗制或精制品。魔芋精粉加工是魔芋利用的基础与关键，其质量直接关系到它在食品、医药、化工、纺织、石油等工业中的应用范围及效果。据传，最原始的魔芋精粉加工是日本茨城县农民发明的。中岛藤卫门（1745—1826）把魔芋球茎切成薄片，晒干，再碾成粉末（粗粉）。后来，益子金藏（1786—1854）在磨粗粉的研磨器上安装鼓风机，吹走粉末中的细小颗粒，即得精粉。20世纪中叶以来，日本涉及魔芋精粉加工的文章与专利不断出现，先后推出碓臼式、锤片式、滚压式、磨齿式、复合式等各型魔芋精粉成套"干法"（由魔芋干加工而成）设备及工艺；发明了魔芋精粉"湿法"（由鲜魔芋球茎经液体介质加工而成）加工技术和魔芋微粉加工技术。我国对魔芋精粉的加工研究起步较晚，但发展较快。20世纪80年代中期，西南农业大学、四川省农业科学院等开始进行魔芋精粉干法、湿法和干湿结合法的加工工艺研究，1986年西南农业大学和航天工业部7317所等单位合作研制成功我国第一台魔芋精粉加工设备，后经多次技术改进，成为我国魔芋精粉的主体加工设备。20世纪90年代初期，我国开始进行魔芋纯化粉和微粉的研究，现已有多家企业采用湿法生产魔芋纯化粉和微粉。最近，干法微粉的加工又有突破，清华大学、华南农业大学和淄博圆海正粉体设备有限公司联合开发成功魔芋干法超细加工系统设备，并通过了省级成果鉴定。这些技术的进步对于丰富魔芋粉的产品类型、提高产品质量、满足不同应用领域的需求以及降低加工成本等起到了非常重要的作用。

第一节 魔芋精粉的加工原理

　　魔芋精粉加工的核心是从魔芋球茎中分离葡甘聚糖。为便于合理有效地分离葡甘聚糖，人们对葡甘聚糖在魔芋球茎中的存在形式、分布特点及其性质进行了较多的研究。

一、魔芋球茎的解剖结构

魔芋球茎表皮为叠生木栓组织，深褐色，不含葡甘聚糖；表皮下 2～3 层细胞组成的皮层中，几乎不含葡甘聚糖；皮层以下为贮藏薄壁组织，是魔芋球茎的"主体"。在贮藏薄壁组织中，普通细胞小，而另一类异细胞（或称囊状细胞）则很大。异细胞为圆球形或椭圆形，半透明，直径多在 0.25～0.70 mm 之间，比普通细胞的直径大 5～10 倍以上。异细胞的周围被许多普通细胞包围着，无规则或比较均匀地分布于魔芋贮藏薄壁组织中。异细胞中不含淀粉，淀粉只存在于普通细胞中。魔芋精粉加工需除去表皮、皮层及普通细胞，只保留异细胞。

二、魔芋球茎的主要化学成分及分布特点

表 6-1 表明，魔芋全粉为异细胞和普通细胞的混合物，魔芋精粉主要由异细胞组成，飞粉主要来源于普通细胞，葡甘聚糖存在于异细胞中，淀粉存在于普通细胞中。此外，异细胞并非全由葡甘聚糖所组成，还含有一定量的粗蛋白、纤维素、矿物元素等，但含量低于普通细胞（可溶性糖除外）。因此，欲获得高纯度的葡甘聚糖，还需要对分离出的异细胞作进一步的纯化处理。

表 6-1 魔芋粉主要化学成分及其含量

成分	含量（%）		
	全粉	精粉（干法）	飞粉（干法）
水分	12～14	8～14	12～14
葡甘聚糖	40～60	68～82	3～7
淀粉	10～30	1～3	30～45
粗纤维	2～5	1～2	4～8
粗蛋白	5～14	3～6	15～19
可溶性糖	3～5	4～6	2～4
灰分	3.4～5.3	3.0～4.2	4～8
粗脂肪	0.2～0.4	0.02～1.2	0.4～0.6

由于魔芋或未经纯化的魔芋粉，具有一种嗅到后使人不快甚至恶心的特殊腥臭味，常影响制品的风味，甚至影响魔芋精粉的出口。经鉴定，其气味的化学物质为三甲胺、樟脑、α-蒎烯、芳樟醇、苯酚、二苯胺等 20 多种物质，其中三甲胺对气味的影响最大。

三、魔芋异细胞和普通细胞之间的物性差异

魔芋异细胞和普通细胞之间在组成成分、硬度、韧性、加工性能等方面存在截然不同的特点（见表6-2）。异细胞的主要成分为葡甘聚糖，并为一个完整的粒子，其韧性强、硬度大，即使在粉碎机锤头线速度达65~95 m/s条件下粉碎几分钟，异细胞仍为一个较完整的粒子，故常把异细胞称为"葡甘聚糖细胞""葡甘聚糖粒子""精粉细胞""精粉粒子"等。而普通细胞的主要成分为淀粉，其脆性强、硬度低、易破碎，常称为"淀粉细胞"。

表6-2　魔芋异细胞和普通细胞之间的物性差异

项　目	异细胞	普通细胞
主要成分	葡甘聚糖	淀粉（细胞内）、纤维素等
韧性	极韧	脆
硬度	大	小
破碎性	不易破碎	极易破碎为粉尘
颗粒特点	一个完整颗粒	含多个淀粉粒
粒子直径（干燥时）	0.15~0.45 mm	0.004 mm左右（淀粉粒）
水溶性	易溶于水（葡甘聚糖）	不溶于凉水（淀粉）

四、魔芋精粉的加工原理

（一）魔芋精粉干法加工原理

根据异细胞与普通细胞所含成分、韧性及硬度上的差异，可采用机械粉碎的方法，使普通细胞首先破碎，其中的淀粉、纤维素等杂质逐步被粉碎成颗粒细小的飞粉；而葡甘聚糖异细胞由于韧性极强，在一般粉碎条件下不会破碎，仍保持着颗粒的完整性。由于葡甘聚糖粒子与淀粉等杂质粒子大小和重量的差异，可以采用筛分或风力分离的方法将杂质分离。初步粉碎后的葡甘聚糖异细胞表面还有与异细胞结合紧密的普通细胞或其残留物，这时的葡甘聚糖异细胞若继续受外力的作用，使其粒子与机械部位碰撞、摩擦、揉搓以及粒子之间的相互碰撞和摩擦，粒子表面的杂质会不断脱离，再通过筛分或风力分离而除去，最后成为半透明状的魔芋精粉粒子。

（二）魔芋精粉湿法加工原理

1. 葡甘聚糖溶解提取原理

葡甘聚糖和淀粉是魔芋球茎中含量最高的两种成分。从理论上讲，葡甘聚糖易溶于水，而淀粉不溶于冷水。因此，可先用水将魔芋中的葡甘聚糖溶解出来，然后用沉淀剂（如乙醇）分离溶液中的葡甘聚糖，或采取适当的干燥方法得到葡甘聚糖产品。但是，由于葡甘聚糖黏度极高，即使浓度为0.5%的葡甘聚糖溶

液，也很黏稠，无论采取乙醇沉淀法还是干燥法，得到葡甘聚糖的成本都极高，一般仅用于制取葡甘聚糖纯品而不适用于精粉生产。

2. 抑制葡甘聚糖溶胀的加工原理

实际上，精粉湿法加工原理与干法相似，也是根据异细胞与普通细胞之间在韧性、硬度、颗粒大小等特性的差异，进行粉碎、研磨与分离，不同的是湿法使用了液体介质。水是最廉价的液体介质，但在目前的技术条件下，魔芋葡甘聚糖遇水极易溶胀结块，故完全用水作为魔芋精粉加工的液体介质还不可能。所以，需要使用一种既能抑制葡甘聚糖溶胀又不改变葡甘聚糖性质的液体介质，这种液体介质称为"阻溶剂"。在阻溶剂存在下或接触水的时间很短时，葡甘聚糖异细胞仍具有较大的硬度和很强的韧性，当受到剪切、冲击、挤压等各种机械力的作用时，不易破碎，保持完整；而普通细胞由于硬度低、脆性强，很快被破碎为颗粒微小的粒子，随着加工时间的延长和加工次数的增加，葡甘聚糖异细胞表面杂质及普通细胞的残余物（淀粉、纤维素等）才被研磨脱落，成为微小颗粒悬浮于液体介质中，在固液分离时，通过一定孔径的滤网（布）而被除去。同时，在魔芋与液体介质接触的过程中，葡甘聚糖异细胞内部的可溶性杂质也逐渐溶解出来，再通过固液分离而被除去，保留了葡甘聚糖粒子，经干燥得魔芋精粉。根据不同的质量要求，可调整上述操作的重复次数。

阻溶剂分为有机溶剂和盐类试剂两大类。有机溶剂阻溶剂包括甲醇、乙醇、异丙醇、丙酮、乙酸乙酯、乙醚等。这些溶剂理论上虽均可作为阻溶剂，但因受使用安全、食用安全、加工难易程度、加工成本等因素的限制，实际上只有乙醇、异丙醇等少数几种有机溶剂适合作为阻溶剂，其中乙醇价格较低、无毒，最常用。有效浓度与溶剂种类、温度、外力大小等因素有关。例如，用乙醇作为阻溶剂，在20℃下有效浓度为30%左右。盐类阻溶剂包括铜盐、铁盐、四硼酸钠（硼砂）等水溶液，其阻溶原理与有机阻溶剂不同。在铜盐溶液或铁盐溶液与魔芋精粉粒子共混的悬浮体系中，粒子表面的葡甘聚糖吸附铜盐或铁盐，并发生络合反应，形成葡甘聚糖铜或葡甘聚糖铁络合物，从而达到阻止精粉粒子溶胀的效果，但其络合物稳定，解络合困难。该法有时用于提取葡甘聚糖纯品，不适用于精粉生产。在四硼酸钠溶液与魔芋精粉粒子共混的悬浮体系中，粒子表面的葡甘聚糖吸附硼盐并通过氢键结合，使粒子表面形成负电层，从而阻止葡甘聚糖与水反应，达到阻溶的效果。当加水冲洗或加酸中和时，则减弱或破坏其负电层，氢键断裂，葡甘聚糖复原。故该法可用于精粉加工中，而四硼酸钠溶液有效浓度为2%左右，若加碱（如氢氧化钠），其浓度可低至0.5%。特别值得注意的是，硼有毒，早已在食品中禁用。四硼酸钠与魔芋葡甘聚糖结合虽可逆，可采用水洗方法脱硼，但彻底脱硼较困难。因水洗过度，造成葡甘聚糖溶解损失或结块；若水洗不彻底，则产品中含较多的硼。所以，无机湿法一般只作为加工非食用魔芋精粉用，食用精粉湿法加工首选的介质为乙醇。

第二节　普通魔芋精粉的干法加工

在 20 世纪 80 年代中期，随着我国魔芋产业的形成，魔芋种植面积逐年扩大，鲜芋产量不断增加。同时，魔芋加工的装备也从简陋的手工作坊工具逐渐改进、完善为各式先进的机械化成套装备。

魔芋精粉干法加工的设备较单一，投资小，加工成本低，所加工的精粉为目前的主体产品，目前使用最普遍的是锤片式精粉机。但与湿法相比，无法去除葡甘聚糖粒子表面的杂质，带有魔芋的腥臭味，黏度也相对较低，难以达到高品质。

一、工艺流程

芋角→破碎机中破碎→风选分离→精粉机中加工→风选分离→研磨机中研磨→风选分离→筛分→分级→混合均质→包装入库。

二、主要设备及工作原理

魔芋精粉加工机已从 1986 年原航天工业部7317所与西南农业大学联合研制推出的 MJJO－I 型锤片式魔芋精粉加工机发展出系列机型，如 300 型、400 型、450 型、500 型。为了提高精粉质量，1995 年以后，四川省广汉市魔芋研究所又推出了刮片式涡轮魔芋精粉研磨机。至此，形成了魔芋精粉加工设备系统，由破碎机、MJ－450 型魔芋精粉加工机、400 型魔芋精粉研磨机、分离罐、旋风除尘器、布袋除尘器和三元振动筛等组成。

（一）锤片式魔芋精粉加工机

该机设计巧妙而紧凑，由进料室、粉碎室、揉搓分离室等部分组成，使魔芋片（条、角）的粉碎、揉搓、分离融为一体。其主要机构工作原理如图 6－1 所示。

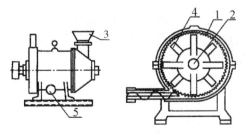

图 6－1　普通魔芋精粉加工机

1—机盖　2—主轴　3—进料室　4—粉碎室　5—揉搓分离室

1. 机盖

机盖是可拆卸的，以方便更换锤片。

2. 主轴

主轴的材质为 45# 钢或 40 铬钢，经加工淬火后精磨而成。

3. 进料室

进料采用轴向底部进料，原料由自重和风力进入粉碎室底部，可避免原料受打击力后射出伤人。

4. 粉碎室

粉碎室由固定锤片、活动锤片、齿板圈等组成。当锤轮高速旋转时，粉碎室底部的魔芋不断被抛起，受到锤片的打击和与齿轮碰撞，逐渐被粉碎；魔芋粉在风力的作用下输送到下一级锤片进一步粉碎，在第三级中揉搓。各型号机粉碎室内的锤片都采用阶梯形锤片。锤片数量多，粉碎性能就强，所需时间就短，颗粒就小；反之，锤片数量少，粉碎性能就差，所需时间就长，颗粒就大。锤片厚，粉碎性能就强，所需时间就短；反之，锤片薄，粉碎性能就差，所需时间就长，而且更换锤片次数也多。锤片和齿圈间隙小，则粉碎性能强；间隙大，则粉碎性能差。

目前，各型号机的锤片一般采用交错、对称和螺旋线排列，线速度一般为 70~90 m/s，锤片与齿尖间隙在 3~8 mm 之间，这两者对轴功率设计的计算很重要。

5. 揉搓分离室

经过粉碎的魔芋粉进入揉搓分离室，在矩形锤片的高速运动及气流的作用下，魔芋粉形成复杂运动的环体，不断受到锤片的打击、碰撞，同时粒子相互间产生猛烈的摩擦、揉搓，使葡甘聚糖粒子表面的纤维、淀粉等杂质（飞粉）脱落，葡甘聚糖粒子因韧性强而保持完整。由于葡甘聚糖粒子和飞粉之间的颗粒大小、比重相差很大，它们进入分离室后，葡甘聚糖粒子所受到的离心力要比飞粉的大几十倍而碰撞在分离内衬上。从揉搓分离室切面图（如图 6-2 所示）可以看出：分离内衬是一个 40°~50° 的圆锥面，由于入射角等于反射角，反作用力又将葡甘聚糖粒子弹回揉搓室内，飞粉因离心力太小，难于抗拒风力的吸引，而顺着分离室的空隙被风机吸走。为使小颗粒的葡甘聚糖粒子不被吸走，通常将离心通风机装在机外，便于调整风量。

此外，要正确选择魔芋精粉加工机。一般要求所选机型要在保证魔芋精粉黏度的前提下，出粉率达到 59%~60%，锤片的寿命不得低于 80~100 t 精粉加工量，精粉含水量不超过 10%。

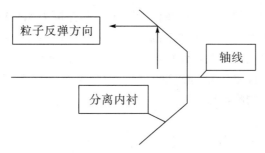

图6-2　魔芋精粉加工机内粒子运动示意图

（二）魔芋精粉加工机的辅助设备

魔芋精粉加工机的辅助设备包括旋风除尘器、布袋除尘器、筛选设备、电控柜、离心通风机等。注意：布袋除尘器的面积大小应设计为可使通风机的风速在0.01 m/s以下，以避免将微细精粉粒吸走；或将精粉与飞粉分离设计为两级，一级为纯飞粉，二级为微细精粉。可利用的筛选设备，过去多采用往复式筛或挂式振动筛，现在三元振动筛也普遍使用。

（三）魔芋精粉研磨机

为了提高魔芋精粉的纯度和黏度，经过魔芋精粉加工机加工出来的精粉，还可以采用魔芋精粉研磨机来完成。1995年四川省广汉市魔芋研究所在国内首次研制成功魔芋精粉研磨机，如图6-3所示。该机投放市场后，对于提高我国魔芋精粉质量，达到日本同类产品的水平起到了重要作用。

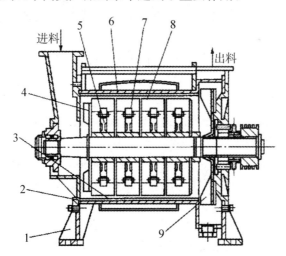

图6-3　MYJ-400型研磨机的结构图

1—机座　2—下机壳　3—内衬　4—分配器　5—主轴

6—上机壳　7—转子　8—叶片　9—风扇轮

该机内部是多仓式结构，为连续生产方式。精粉原料进入料斗（定量连续进料）后，高速旋转的刮片不断搓擦精粉粒子，其搓擦力比精粉加工机大几十倍，使精粉粒子表面未能在原精粉加工机中去掉的纤维等杂质被刮擦下来，同时还可以去除精粉中的黑点和黑色表面物，从而提高精粉的等级。该机的刮片可调，使用寿命长。它的分离系统由分离罐完成，除尘系统与精粉加工机相同，1人操作。经应用测试，精粉黏度可提高 5000 mPa·s 以上，而且糊化时间缩短，给食品应用带来了方便。

魔芋精粉研磨机除刮片式以外，还有日本生产的磨盘研磨机和我国台湾生产的锥轴式研磨机等，结构较复杂，功率大（54.3 kW），价格高。

三、加工工艺

（一）操作步骤

1. 原料准备

芋角质量优劣直接影响精粉的质量，应选择颜色白、含硫量低、含水率低的芋角。"黑心"和烤焦芋角严重影响精粉色泽与质量，在加工特级或一级精粉时，必须将其剔除。每次按精粉加工机说明所规定的加入量，把挑选好的芋角倒在丝网板上，让小粒及杂物漏下。此外，网板底面最好固定几块磁铁，把可能夹在芋角内的金属碎块吸住，以免进入精粉加工机内。

2. 启动精粉加工机

合上配电盘上的闸刀，控制柜通电，再按照精粉加工机说明书的顺序启动机器的各部分；在确认运转正常后，在控制柜上设置加工时间周期。

3. 投料

当机器上加料指示灯亮时，把装好的芋角均匀地投入料斗内，投料时间约20秒。

4. 粉碎研磨与出料

投料后，粉碎、研磨和分离达到预定时间后，自动卸出精粉。

5. 研磨机中研磨

将精粉输入研磨机中进一步研磨，并通过抽风吸走飞粉杂质。如果加工一般质量的精粉，可省去此研磨工序，但加工高质量的精粉，则不可省。

6. 筛分检验均质和包装

卸出的精粉倒入筛分器内进行筛分。筛网有 40 目、60 目、80 目、100 目、120 目、140 目等几种孔径，筛网孔径大小、粒度级数的选择应依据要求而定。筛分时，最好每层内放置一块塑料泡沫，以便将头发屑等杂物吸住，并定期换泡沫。筛分后进行出厂质量检测，其检测项目包括水分、黏度、二氧化硫、葡甘聚糖等。然后用均质机将同一类别的精粉进行充分混合，以保证产品质量的均匀性。最后，进行产品包装。

（二）影响精粉出粉率和质量的因素

精粉出粉率的高低和质量的优劣直接影响企业的经济效益，应倍加重视。

1. 魔芋种类与品种

在我国，可用于精粉加工的魔芋种类有白魔芋、花魔芋、西盟魔芋、勐海魔芋等。这些魔芋的葡甘聚糖含量为，白魔芋＞花魔芋＞西盟魔芋＞勐海魔芋，综合品质以白魔芋最好。白魔芋的葡甘聚糖粒子大小较均匀，分子量大，杂质含量低，球茎中多酚氧化酶活性较花魔芋低，褐变较轻。花魔芋是我国分布最广、栽培面积最大的魔芋种类，但各地方品种的内在品质却存在一定的差异。西南农业大学魔芋研究中心对各地花魔芋品种的内在品质进行了分析，其分析结果为万源花魔芋、綦江花魔芋、东川花魔芋 3 个地方品种的葡甘聚糖含量较其他地方品种的高。

2. 鲜芋的成熟度对精粉出粉率及其质量的影响

未成熟的鲜芋，含水量高，葡甘聚糖积累没有达到高峰，出精粉率较低。一般情况是，若芋角很饱满，表面有葡甘聚糖粒子凸起，且凸起很多，则出粉率高；若芋角收缩，表面无葡甘聚糖粒子凸起，且凸起很少，则出粉率低。此外，芋角在手中有沉甸感的出粉率高，有轻飘感的出粉率低。

3. 芋角含水量与精粉出粉率

若原料含水量高于 16%，则不但出粉率低，而且影响精粉保存期或延长后续干燥工序的时间；若原料含水量低于 11%，则出粉率虽高，但精粉的光泽度受影响，外观较粗糙。因此，芋角含水量应以 13%～15% 为宜，这样既能保证出粉率和精粉粒子的良好外观，又能在加工过程中让水分散失，使精粉含水量达到 10% 左右，以符合精粉加工标准对含水量的要求。判断芋角含水量的办法有：用手捏芋角感觉扎手的含水量较低；将芋角抛下，响声脆的含水量较低，响声涩滞的含水量较高；敲击芋角，易呈粉末状，含水量较低，呈块状，含水量较高。

4. 精粉加工机参数对精粉出粉率及质量的影响

如果机器结构空间过大，则不但增加加工时间，且不利于杂质的去除；如果机器结构空间过小，则温度容易过高，使精粉发热变黄或焦化。若机器内衬用铸铁或用未经调质淬火处理的钢件，则硬度不够，易使加工的精粉发乌、不光亮，影响色泽。

5. 精粉、飞粉分离系统与风量是否匹配对精粉质量和出粉率的影响

在分离轮叶片尺寸一定时，风量过大可能将精粉抽走，风量过小飞粉排不尽；在风量一定时，分离轮叶片过宽飞粉排不出，分离轮叶片过窄可能将精粉抽走；当风量与分离轮叶片匹配时，分离轮和分离内衬之间的间隙过大可能将精粉抽走，间隙过小则飞粉排不尽。

6. 加料量和加工时间对精粉出粉率和质量的影响

在其他因素不变时，若加料多，加工时间短，出粉率虽高，但杂质去除不彻底；若加料少，加工时间过长，精粉质量虽提高，但出粉率降低。为保证较高的出粉率和提高精粉质量，可采用短时间内在精粉加工机中加工两遍，并严格控制加料量，然后于研磨机中研磨加工。

第三节　普通魔芋精粉的湿法加工

所谓湿法加工魔芋精粉，是指在加工精粉的过程中采用保护性溶剂浸渍保护加工，使精粉不膨化、不褐变，经粉碎、研磨、分离、干燥等工序制取精粉的方法。湿法加工的产品有利用鲜魔芋球茎直接加工的纯化魔芋精粉、利用普通魔芋精粉经湿法加工的纯化魔芋精粉，以及将鲜芋直接加工的精粉和经过干法加工的纯化魔芋精粉再加工的纯化魔芋微粉等。湿法加工采用的保护性溶液包括有机溶剂保护液和无机溶剂保护液，有机溶剂保护液主要是指以食用乙醇为主并作为控溶剂而配兑的保护液；无机溶剂保护液主要是指以四硼酸钠（硼砂）为主而配兑的保护液。前者保护液成本较高，但精粉质量好，精粉产品用于医药、食品等行业；后者保护液成本较低，但加工的精粉不能食用，仅能作为工业用精粉。

干法加工魔芋精粉存在下列问题：在魔芋烘成干片（角）后，葡甘聚糖粒子与普通细胞联系更加致密，需要长时间粉碎与研磨才能使两者分开，又由于葡甘聚糖粒子不是规则的圆球形，难于均匀研磨，这就造成少量的葡甘聚糖损失。

而湿法加工则具有干法加工不能比拟的以下优点：①湿法加工去除了葡甘聚糖粒子表面和内部的可溶性杂质，并且湿法加工的芋角未经烘烤环节，减少了高温对其质量的影响。②湿法加工的葡甘聚糖粒子在液体介质中能膨胀，从而撑破普通细胞的包围，使葡甘聚糖粒子与普通细胞的联系松散，易于分离，不需要长时间的粉碎与研磨，这就避免了葡甘聚糖的损失，因而精粉出粉率比干法加工的约高出 3~5 个百分点。但是，湿法加工的加工成本和固定成本较高，一套设备需几十万元，且工艺要求高，如果掌握不好，则精粉质量得不到保证。此外，如果以鲜芋为原料，则加工季节过于集中，设备闲置时间长。

一、有机湿法加工

有机湿法加工是目前生产上大多采用的湿法加工魔芋精粉的方法，并且也积累了许多经验。

（一）工艺流程

比较典型的工艺流程如下：

鲜魔芋球茎清洗去皮→（切分）→护色→粉碎→（脱溶剂除杂）→研磨→脱

溶剂除杂→（洗涤）→干燥→（干研磨）→筛分→均质→检验→包装。

（二）设备及工作原理

1. 粉碎研磨设备

普通湿法加工精粉，对粉碎研磨设备的要求不及干法加工的高，砂轮磨类（如浆渣分离机、微磨机等）、剪断滚筒型粉碎机、胶体磨等均可作为粉碎研磨设备，一般多选用砂轮磨。其分散盘的高转速带动研磨体高速运动，对物料产生强烈的研磨和剪切力，并进行分散。该机结构简单，使用维护方便，运行平稳。

2. 分离设备

分离设备多采用间歇式和连续式过滤离心机。间歇式过滤离心机有人工上部卸料三足式离心机（如图6-4所示）、卧式刮刀卸料离心机等，连续式过滤离心机有离心力卸料离心机、螺旋卸料过滤离心机等。其中，人工上部卸料三足式离心机虽为人工卸料和间歇操作，但因其结构简单、价格低、离心力大、适应性好和过滤时间可灵活掌握等因素而应用较多，并且以线速度大的为好。在加入需要分离的悬浮液后，高速旋转的转鼓产生巨大的离心力，使液体穿过转鼓壁内的滤布，经壁孔排出转鼓，而固体颗粒则截留在过滤介质表面，形成滤饼，从而实现固液分离。

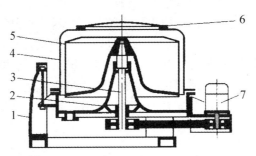

图6-4　人工上部卸料三足式离心机

1—柱脚　2—底盘　3—主轴　4—机壳　5—转鼓　6—盖　7—电动机

3. 真空干燥设备

真空干燥设备均为间歇操作。湿物料加入筒内后，抽真空，夹层管导入蒸汽或热水，经金属壁传热给物料，待物料干燥后取出、冷却。该类设备主要结构、功能及优缺点如下：

（1）双锥回转真空干燥器（如图6-5所示）。该干燥器的中间段为一圆筒（具有加热套），圆筒两端为锥形结构（双锥）。双锥圆筒两侧各外伸一中空短轴，除支承干燥器身回转外，还用于进出加热介质和抽真空。物料加入后，干燥器回转，物料不断翻动，从接触的器壁内表面接受热量。物料干燥过程在真空状态下进行，受热均匀，无局部过热现象。但是，该干燥器存在下列严重缺点：真空口在罐内易被物料埋没而造成粉尘堵塞真空管道和过滤网甚至冷却器，装填系数太低（容积的 40% 以下），旋转封头易磨损，受热表面积不易增大以及易结块（球形）等。

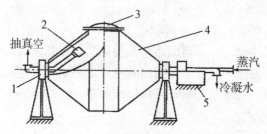

图 6-5　双锥回转真空干燥器

1—轴承　2—粉尘过滤器　3—上盖　4—蒸汽加套　5—驱动装置

（2）振动真空干燥器（如图 6-6 所示）。该干燥器是在流化床干燥的基础上发展起来的，主要依靠来自外部的机械振动，使物料流化，通过间接加热在真空状态下干燥物料。该干燥器基本操作参数的选择：①物料填充率。物料填充率直接影响干燥速度，填充率大，物料与器壁的接触面积大，获得的振动能和热能多，物料流动状态好，干燥速度快；反之，填充率小，干燥速度慢。因此，物料填充率一般应控制在 70% 左右。②气流压力。加热蒸汽压力（水温、油温）和干燥器内压力（真空度）越高，器内压力越低，物料中水分的沸点越低，就越容易汽化，干燥速度也就越快。③振幅和振动频率。振幅最佳推荐值为 3 mm，最佳频率为 25 Hz。该干燥器的优点是：传热表面积比双锥干燥器大一倍以上，热效率较高；由于振动流动，局部过热现象少；不堵塞真空气流；粉尘飞扬少；所需动力小；结块比双锥干燥器的轻，仅形成小片状结块。其缺点是：黏度太大的物料不能采用此干燥器。

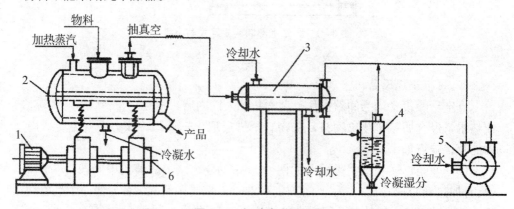

图 6-6　振动真空干燥器

1—电动机　2—干燥器　3—冷凝器　4—受液槽　5—水循环真空泵　6—偏心盘

（3）气流干燥器（如图6-7所示）。气流干燥器是一种连续操作的干燥器，它是将粉粒状物料分散悬浮于热气流中，在气、固并流流动中进行传热传质，以达到物料干燥的目的。该干燥器具有以下优点：①处理量大，干燥强度大。由于物料在气流中高度分散，颗粒的全部表面积即为干燥的有效面积，因而传热传质强度大。②干燥时间短。气流在干燥管中的速度一般为10～20 m/s，气、固两相的接触时间短，干燥时间一般为0.5～2 s，可得到瞬时干燥产品。③不会产生过度干燥。④设备结构简单。该干燥器的缺点是：干燥系统阻力大，需设回收除尘器，系统负荷较重；回收乙醇困难，若不回收，则其成本较高；产品中的乙醇不易除尽。改进的方法：先将物料用真空干燥系统干燥到一定程度，乙醇首先蒸发并回收，再将物料放入气流干燥器中，去掉剩余的水分，则物料干燥过程快，不易结块，乙醇回收率高，气味消除也彻底。

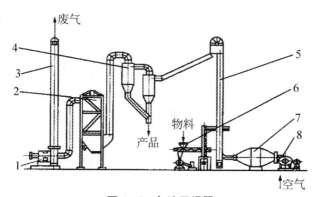

图6-7　气流干燥器

1—引风机　2—袋状过滤器　3—排气管　4—旋风分离器
5—干燥管　6—螺旋加料器　7—加热器　8—鼓风机

4. 乙醇回收设备

魔芋精粉湿法加工中使用的大量乙醇需要回收，常用蒸发和冷凝系统来完成。用蒸汽加热的蒸发器，一般采用盘管式或直接充气式；用热水或热油加热的蒸发器，一般采用垂直短管式。两种蒸发器的结构均较简单，成本低。冷凝器多采用直管式（分离式或卧式），以铝材为好，传热系数比不锈钢大2～3倍，有利于降低成本。

（三）有机湿法加工工艺

1. 魔芋清洗去皮

手工去除魔芋球茎的顶芽和根，然后放入清洗机内清洗，并去掉外皮。

2. 切分与护色

若使用砂轮磨粉碎研磨，需先用切块机将去皮后的魔芋切成块（用剪断滚筒型粉碎机则省去此道工序）。切分后，用有效二氧化硫浓度为25～100 mg/L的亚硫酸盐溶液进行护色处理，一般在第一次粉碎介质中加入使用。不同亚硫酸盐的有效二氧化硫含量不同（见表6-3）。

表6-3 亚硫酸系列化合物中有效二氧化硫含量

名　称	分子式	有效二氧化硫（%）
液态二氧化硫	SO_2	100
亚硫酸	H_2SO_3	6.0
亚硫酸钠	$Na_2SO_3 \cdot 7H_2O$	25.42
无水亚硫酸钠	Na_2SO_3	50.84
亚硫酸氢钠	$NaHSO_3$	61.59
焦亚硫酸钠	$Na_2S_2O_5$	57.65
低亚硫酸钠	$Na_2S_2O_4$	73.56

3. 粉碎研磨与分离

（1）乙醇浓度。若乙醇浓度过低，则葡甘聚糖溶解，并在粉碎、研磨和分离过程中损失，从而影响成品的溶解性；若乙醇浓度过高，增加成本，对去除水溶性杂质有影响。因此，乙醇溶液与物料混合平衡后的乙醇浓度不宜低于30%。用乙醇比重计所测的乙醇浓度受温度的影响，温度低时所测的浓度比实际高，温度高时所测的浓度比实际低，这时需要查表校正。当然，也可采取近似值的计算方法，即以20℃为标准，温度每降低3℃，乙醇浓度则升高1%；温度每升高3℃，乙醇浓度则降低1%。

（2）粉碎。乙醇溶液的用量与其浓度、加工设备、后续加工情况及所要求的精粉质量等因素有关。若乙醇浓度高，粉碎设备功率大、加工能力强和（或）后续重复加工次数多，则用量可稍少些，一般为鲜魔芋重的1～3倍。若用剪断滚筒式粉碎机粉碎，则将鲜魔芋与乙醇溶液按适当比例加入筒体内，粉碎至精粉粒子分散后，再送入砂轮磨中进一步粉碎。若用砂轮磨粉碎，则需要将切分的魔芋与乙醇溶液分别按比例同步加入，磨间距调至合适，使精粉粒子完全分开，并得到充分研磨。

（3）分离。多采用离心过滤分离方式，即将上面浆状物装入有150～300目滤网的离心机转鼓内，使可溶性物质及小颗粒杂质在离心力的作用下穿过滤网随溶剂分离出去，魔芋精粉粒子留在滤网内。分离是最难的工序。

（4）研磨。魔芋粉与乙醇溶液按一定比例混合，于砂轮磨中研磨，将精粉粒子表面的杂质磨去。

（5）分离。可用30%以上的乙醇溶液洗涤滤网内的魔芋精粉粒子，再离心分离；可根据质量需要，按（3）、（4）工序重复操作；也可在离心分离后，用

30％以上的乙醇溶液进行洗涤，离心脱离溶剂。

4．干燥

湿魔芋精粉的含水量在70％以上，可采用低温真空、热风气流、流化床等多种干燥方式；也可采用低温真空干燥再接热风气流干燥，较节省乙醇且除气味彻底。若采用热风气流干燥，进风温度应在120℃以上。因魔芋精粉颗粒较大且含水量较高，而每次干燥时间又短（仅几秒），所以一两次干燥不能使魔芋精粉完全干燥，需要重复多次。并且，在每次干燥后需放置一段时间再续烘下一次，以利于去除残余乙醇。

筛分、检验、均质和包装与干法相似。

（四）提高有机湿法产品质量和降低成本的措施

第一，所有加工过程中使用的乙醇，均采用回收装置反复回收使用。

第二，在初粉碎时，可用水代替乙醇，以节省成本，但要求魔芋粉碎与分离应在短时间（0.5分钟）内完成，即在葡甘聚糖粒子还没有充分溶胀前完成。分离后的粗精粉必须立即送入阻溶剂中，以阻止葡甘聚糖继续溶胀；否则，精粉将结块，使后续加工困难，并可能造成葡甘聚糖溶解损失。因此，需要研制并使用专用粉碎磨机和连续式脱水机等设备。

第三，魔芋精粉湿法加工最忌精粉粒子过度溶胀或形成溶胶。过度溶胀或形成溶胶后，即使用乙醇脱水，再干燥，产品的溶解性也将大为下降。此外，精粉粒子过度溶胀会造成葡甘聚糖的严重损失。因此，不要为节省成本而过度降低乙醇的浓度。

第四，使用后的乙醇溶液悬浮有大量的淀粉、纤维素、少量的葡甘聚糖和其他可溶性杂质，较黏稠，自然沉降速度极慢，加热起泡性强。因此，在回收前，需采用沉淀剂处理或加热处理，再进行离心分离，分离液送入回收装置回收乙醇，以降低生产成本。

采用湿法直接加工的精粉，虽色泽稍暗，但纯度高，黏度高，含硫量极低，没有明显的腥臭味，多次分离后还可直接纯化魔芋粉。随着加工工艺的进一步完善和设备的配套，预计将来采用由湿法直接生产魔芋粉的企业会越来越多。

实例：鲜魔芋湿法加工精粉

工艺流程：

```
          亚硫酸液      乙醇        乙醇
            ↓          ↓          ↓
鲜魔芋→去皮→切块→捣碎→过滤→捣碎→过滤→捣碎→过滤→烘干→粉碎过筛→成品
                      ↓          ↓          ↓
                     废液    粗淀粉乙醇液  粗淀粉乙醇液
```

1. 去皮切块

因鲜魔芋表面凹凸不平，故不能用机械刮皮，这样浪费原料太大。通常，用手工刮皮或用碱液处理后，再使用带尼龙刷的清洗机刷擦去表皮，然后用小刀挖掉少数凹进部位未除去的表皮，用清水洗净。由于魔芋块茎比较大，为了使捣碎能够均匀，减少机械振动与切割阻力，要将洗净的魔芋通过不锈钢的切碎机切成 $2\sim3$ cm 的小块状，以便捣碎。

2. 第一次捣碎过滤

先将切成小块的魔芋与含 200 mg/kg 亚硫酸或亚硫酸钠的溶液按 1∶5 混合，浸泡 $3\sim5$ 分钟，使魔芋中的氧化酶类失活，防止在加工时氧化变黑。然后将此混合物料投入捣碎机内，拧紧上盖，并开机（转速为每分钟 900 转）捣碎 1 分钟，迅速将捣碎魔芋浆放入离心机过滤，靠离心机的高速（每分钟 1440~2800 转）运转将水分、可溶性氨基酸、无机盐及亚硫酸（钠）等分离出去。

捣碎时间只能控制在 1 分钟以内，捣碎与过滤要配合非常紧凑。一般捣碎机安装其底部应离地面 1.5 m，离心机安装其底部应离地面 0.6 m。操作要迅速，以防止魔芋浆发黏。在捣碎的同时，就要将离心机滤布铺好。不停捣碎机，打开其底部阀门，同时启动离心机，使注入离心机内的魔芋浆迅速分离。当魔芋浆全部注入离心机后，应关闭捣碎机。但如果过早关机，则会因魔芋浆极易黏结，而造成魔芋浆堵塞。

3. 第二次捣碎过滤

将过滤的魔芋浆渣倒进 90% 的乙醇中搅拌均匀，并使魔芋与乙醇的比例是 10∶3，通过乙醇浸泡后的魔芋渣就不会黏结了。由于第一次捣碎过滤时，捣碎机和离心机的容量不宜过大（其原因是避免操作时间长和机械剧烈振动），因而可分 $3\sim4$ 次将第一次捣碎过滤物浸泡在一个乙醇桶中。

将乙醇浸泡过的魔芋渣与乙醇一同加入捣碎机中进行第二次捣碎，捣碎时间为 15 分钟，使葡甘聚糖颗粒与淀粉粒及纤维松散分离。之后用 80 目滤布的离心机过滤，将细小的淀粉粒和纤维与大的葡甘聚糖颗粒分离。此次过滤分 3 次进行，首先将 1/3 捣碎浆料注入离心机内运转 1 分钟后关机，把过滤在滤布上的魔芋粉料抖落下；然后再注入 1/3 浆料运转 1 分钟后关机，抖落下滤布上的魔芋粉料；最后将剩下的 1/3 浆料注入，运转 1 分半钟。过滤液沉淀除去粗淀粉后回收乙醇再用。

4. 第三次捣碎过滤

这次操作基本上是重复第二次的操作。因为只通过 1 次乙醇浸泡捣碎过滤，只能除去大部分淀粉和纤维，这样得到的精粉纯度还不高，所以要通过第三次捣碎过滤处理，进一步除去淀粉和纤维。

5. 烘干及成品分级

将第三次过滤得到的湿魔芋精粉放入 120 目的网盘中，网盘叠放在支撑架上，在热风炉烘柜中干燥，每个网盘放置湿魔芋精粉的厚度约 0.5 cm。干燥时，前两小时温度控制在 50℃左右，以免温度过高，水分来不及蒸发而造成黏粉；后两小时温度可提高至 60℃～80℃，但温度不能超过 90℃，以免变性。这样，从头至尾烘 4 小时即可。

将烘干的精粉粉碎过筛，即可得成品。一般过筛得到的粗粉品质较细粉品质好，粗粉可达特级或一级品标准。

众所周知，白魔芋精粉呈白色，色泽越白，质量越高；花魔芋精粉呈淡黄色，色泽越淡，质量越高。这一特征可以从其基本组成得到验证。表 6-4 是四川产的四种魔芋精粉的基本组成，从葡甘聚糖含量来看，白魔芋精粉比花魔芋精粉的质量好，当然也可以从另一成分生物碱含量来进行对照说明。一般认为，生物碱有微量毒性，但生物碱在加热或加碱条件下会被分解破坏，因而它不会影响魔芋作为食品或食品添加剂的应用。

表 6-4　四川产的四种魔芋精粉的基本组成（％）

品种组成	金山特级 白魔芋精粉	屏山一级 白魔芋精粉	二级 花魔芋粗粉	一级 花魔芋精粉
水分	13.0	12.0	14.6	15.0
蛋白质	1.36	1.53	3.3	5.7
脂肪	0.15	0.17	0.27	0.39
葡甘聚糖	82.8	80.0	73.0	76.0
单糖	2.26	2.03	2.33	2.38
淀粉	3.94	4.37	6.07	5.88
灰分	3.4	3.5	4.4	4.5
生物碱	0.12	0.28	0.50	0.45

二、其他湿法加工现状简介

（一）无机溶剂保护加工精粉技术

无机湿法加工魔芋精粉的工艺与有机湿法基本相同，但因采用的液体介质性质不同而有差异。鲜芋的清洗、去皮、切分、护色与有机湿法相同。切分护色后，按芋液重量比 1:1 或 1:2 加入含 1%～1.2%氢氧化钠的 0.4%～2%四硼酸钠溶液中，于砂轮磨或其他粉碎研磨机中粉碎、研磨，然后用过滤式离心机脱去溶液及部分小粒杂质。上述滤饼含有一定量的硼和其他杂质，为提高脱硼和除杂效率，可采取研磨洗涤法，即按滤渣重量加入 5 倍以上的水，于研磨机中研磨后，离心脱水，重复 1～2 次，至水洗液的 pH 值为 7.2～8.5、葡甘聚糖仍呈松散状态为止，并离心脱水。此时滤饼仍含有少量的四硼酸钠和氢氧化钠，可用少量的酸中和其中的碱，否则会影响葡甘聚糖溶解性和黏度。中和前先测定滤渣中的残留碱量，并计算用酸总量。中和时，将上述洗涤液脱水后的滤渣干燥至半干状态，再将 0.4%～1.1%盐酸溶液按计算量均匀加入魔芋粉中，最后干燥至规定含水量以下。也可以在水洗后，用酸性乙醇溶液浸泡洗涤，这样做有利于进一步脱硼，但增加了成本。

无机湿法的优势在于加工成本低，每吨精粉仅需 200～400 元的阻溶剂，比有机湿法低。但硼盐在食品工业中已禁用，该精粉只宜应用于其他行业。

（二）干湿结合纯化加工精粉技术

采用质量等级较低档次的精粉，经过一系列加工，可生产出质量等级上升 1～2 个档次的精粉。

1. 工艺流程

低档次精粉→膨润（同时加入乙醇、护色剂）→搅拌→研磨→（过滤→洗涤→脱水→干燥）→回收乙醇→筛分→检验→包装

2. 操作要点

配制膨润保护的护色溶液，其食用乙醇浓度为 25%，亚硫酸钠浓度为 200 mg/kg。按保护溶液与低档次精粉重量比为 5∶1 进入加工流程。低档次精粉放入膨润缸中要不断地充分搅拌，搅拌转速 60～80 转/分钟，时间 30～40 分钟，这样做的目的是让精粉颗粒膨润增大而又不产生膨化现象，便于下道工序研磨表面去除非葡甘聚糖杂物。其余工序同湿法（有机）操作要点。

第四节　普通魔芋微粉的加工

普通魔芋微粉加工，目前主要是指以普通魔芋精粉为原料，经过干法微粉机加工成粒度小于 0.125 mm 的并占 90%以上的魔芋粉。

由淄博圆海正粉体设备有限公司、清华大学材料系粉体工程研究室和华南农业大学食品学院共同研究开发完成的"魔芋超细粉碎生产工艺和系统设备"，常温下对魔芋精粉颗粒利用静态力量进行高压预处理，使精粉粒子的内应力超过精粉粒子韧性极限，粒子产生裂纹或破裂，再经多次粉碎，使物料进一步破碎。最后采用专用分级机对其微粉进行分选，达到粒径要求的颗粒作为产品收集，没有达到粒径要求的颗粒再次返回粉碎区继续粉碎。物料采用闭路风力负压输送系统，能自动将葡甘聚糖产品和淀粉等杂质（飞粉）分离。该法生产的微粉粒度为 120～250 目（0.125～0.061 mm），形态差异较大。该系统工艺简单，操作方便，能连续生产，产品的粒度可根据用户要求在很宽的范围内进行调整，加工成本低，仅 500 元/吨。产品中的葡甘聚糖含量略有提高，黏度、凝胶性等优良性能得到保

持，色度和溶胶透明度有所提高，溶解速度比普通魔芋精粉提高 5 倍以上。

2004 年，四川省广汉市魔芋研究所发明了 GMWJ-400 型和 GMWJ-500 型干法魔芋微粉加工机。该系列加工机是辊磨机的改进型，主要部分由 4 对磨辊组成，辅助部分由旋风除尘器、三元振动筛、布袋除尘器等组成。该类型加工机具有投资少、效果好的特点。

第五节　纯化魔芋微粉的加工

一、原理

纯化的原理是依据普通魔芋精粉中气味、杂质的化学本质和物理特性而确立的。普通魔芋精粉的气味是由三甲胺、樟脑等 20 多种特性不同的物质所构成，其中三甲胺及盐易溶于水，樟脑等为脂溶性物质，溶于乙醇等有机溶剂。可溶性糖、无机盐类及部分含氮化合物溶于水或低浓度的乙醇等有机溶液。在干法加工中，精粉粒子表面未被除净的纤维素、淀粉等杂质，在水或低浓度的有机溶剂中，易吸胀，同时被膨胀的精粉粒子所撑裂，易与精粉粒子分离。

在目前的技术条件下，完全用水作为魔芋精粉的加工介质还不可能。因此，需要使用既能抑制葡甘聚糖溶胀，又不改变葡甘聚糖性质的液体介质，即"阻溶剂"。在阻溶剂存在下或接触水的时间很短时，葡甘聚糖异细胞仍具有较大的硬度和很强的韧性，当受到剪切、冲击、挤压等各种机械力的作用时，不易破碎，保持完整；而普通细胞由于硬度低、脆性强，很快被破碎为颗粒微小的粒子，随着加工时间的延长和加工次数的增加，葡甘聚糖异细胞表面杂质及普通细胞的残余物（淀粉、纤维素等）才被研磨脱落，成为微小颗粒悬浮于液体介质中，在固液分离时，通过一定孔径的滤网（布）而被除去。同时，在魔芋与液体介质接触的过程中，葡甘聚糖异细胞内部的可溶性杂质也逐渐溶解出来，再通过固液分离而被除去，保留了葡甘聚糖粒子，经干燥得纯化魔芋精粉，调整砂轮磨的间距，可生产出更细的纯化魔芋微粉。根据不同的质量要求，可调整上述操作的重复次数。

随着洗涤次数增多，三甲胺的含量越来越低，腥臭味越来越淡，甚至感觉不出；精粉中的杂质不断溶出和减少，葡甘聚糖含量明显提高，黏度提高近 50%。

二、设备

纯化魔芋微粉加工设备与魔芋精粉湿法加工设备相似，但研磨设备的要求比普通湿法精粉的高，需要增加搅拌器（浸提罐），一般选胶体磨或砂轮微磨机。胶体磨的主要工作原理是在机内产生具有强大剪切力的高速流，促使聚合体颗粒分散为单体颗粒或将轻度粘连在一起的颗粒集合体分散于液相中，并将液体分散

为粒度一定的液滴，将固体颗粒分散均化。胶体磨的使用调查表明，该机整个使用费用太高，平均每吨微粉的机械磨损费为400~500元，而且还要多台进行才能完成。砂轮磨的价格低，配件消耗成本低，仅约10~20元/吨，但粉碎性能不如胶体磨。

三、加工工艺

（一）工艺流程

乙醇蒸馏回收

干法加工的普通精粉→膨润→浸提→湿研磨脱水→干燥→干研磨→分筛→均质分级→包装

（二）洗涤方式

1. 逆流洗涤法

采用逆流洗涤装置，精粉物料通过螺旋推进器前进，而洗涤溶剂逆向流动。这样，出口端的物料始终接触干净的溶剂，洗涤效果好，省溶剂。洗涤溶剂采用30％或浓度更高的乙醇或异丙醇溶液。洗后的物料转入有200~300目滤袋的离心机内离心分离，最后进行真空干燥或气流干燥。

2. 搅拌洗涤法

将魔芋粉放入搅拌罐内，加入是物料重量2~4倍的30％或浓度更高的乙醇或异丙醇亲水性有机溶剂，搅拌洗涤5~15分钟，转入200~300目滤袋的离心机内，脱去溶剂；再用1~2倍乙醇或异丙醇溶剂冲洗一次，离心脱去溶剂；再用1~3倍的浓度为30％以上的乙醇或异丙醇溶剂冲洗一次，离心脱去溶剂，最后干燥。

3. 研磨洗涤法

该法将精粉物料的约30％乙醇悬浮液导入磨浆机或其他研磨设备中进行研磨洗涤；通过调节磨盘间距，既可以生产纯化魔芋微粉，还可以使精粉达到抛光效果。

（三）技术

1. 要求

投入纯化加工的干法加工普通精粉，必须符合农业部颁布的魔芋粉标准的一级品以上的质量要求。其中，灰分含量小于4.5％，水分含量小于12％，黏度不低于18.0 mPa·s，二氧化硫小于1.8 g/kg，不含其他杂物，无霉烂变质现象。

2. 膨润

（1）乙醇溶液配兑。将食用乙醇与清洁水混合，兑成乙醇浓度为20％~30％的溶液，搅拌均匀后，按精粉与溶液1:1.3的比例倒入膨润罐。

（2）膨润。启动膨润罐的搅拌器，搅动膨润液，迅速倒入精粉，快速搅拌2~3分钟，使精粉与溶液充分均匀混合。当混合浆状物的体积膨胀到1倍时，加入浸渍溶液，进行浸渍处理。静置浸渍 4 小时左右，使精粉中可溶于乙醇的物质，被浸渍液溶解。

3. 湿研磨、分离、脱水

在湿研磨、分离、脱水过程中要求做到以下几点：

第一，要注意调节从膨润罐进入研磨机的进料量，做到进料连续、适量，但不涌流、不断流。其具体方法是：启动膨润罐的搅拌器，将罐内的物料搅拌混合均匀，成为滚动的浆状物，通过调整出料阀门来控制出料多少；研磨机的间隙大小，决定所研磨的精粉细度，在研磨中要随时注意调整，以保证经过研磨后的精粉粒度达到期望的粒度标准。纯化魔芋精粉加工，研磨机磨片的间隙，可适当调大；纯化魔芋微粉加工，研磨机磨片的间隙，可适当调小。

第二，分离中，物料浓度要求基本一致，以保证流动畅通，防止管道堵塞，才能保证分离、脱水的效果。

第三，通过分离、脱水后的湿粉含水量应控制在 50％左右，最高不超过 60％，以保证烘干的顺利进行。

第四，分离、脱水排出的乙醇废液，要进行蒸馏回收再利用，蒸馏回收方法与湿法加工精粉一致。

4. 烘干

经过分离、脱水后的湿粉要迅速进入烘干设备进行烘干，待烘的湿粉停留时间不能超过 10 分钟，以避免与空气接触时间过长而发生褐变，影响精粉色泽。在烘干过程中，要严格掌握温度，物料温度不得超过 60℃。经过烘干的精粉，其含水量应小于 12％。烘干后的精粉，要立即摊晾、降温，绝对不允许在热气未散失前进行厚层堆放，否则会引起精粉的色泽变黄。

5. 干研磨

经过烘干后的精粉，要通过专门的研磨、分离设备进行干研磨和旋风分离，将黏附在精粉粒子上的淀粉除去，以进一步提高精粉的光洁度。

6. 分筛

筛网可按生产厂家对精粉的不同粒度要求选择并分层安装，即 40 目、60 目、80 目、100 目，或 60 目、80 目、100 目、120 目均可。

7. 验质、分级

经过纯化加工后的精粉，要立即对水分、黏度、二氧化硫、色泽等主要质量进行检测，按检测结果分级。

8. 包装

包装前，要对同一等级的精粉进行均质处理，使同批产品的质量基本一致。包装时，要严格计量，不得缺斤短两。封袋时，要求缝合严实，不出现漏粉现象。

第六节　魔芋精粉的贮藏与质量检测

一、魔芋精粉的贮藏

魔芋精粉的主要成分是魔芋葡甘聚糖，也含有微量的其他物质。由于魔芋葡甘聚糖的亲水性特别强，很容易受潮，再加上酶素的作用，可使精粉在贮藏过程中容易产生着色和变质的现象。当精粉变质后，便较难溶于水，使其水溶胶的黏度大大降低，而变质严重的精粉，则不能用来制造凝胶食品；同时，因精粉品质降低，会使魔芋葡甘聚糖的平均分子量或分子扩散度减小，从而失去降低血液中胆固醇浓度的生理作用。因此，制得的精粉需要妥善保管和贮藏，以防止魔芋精粉的变质。

（一）贮存条件

魔芋精粉的贮藏条件，主要是指精粉本身的含水率、贮藏温度与湿度、库房防潮性能和所用容器等。对精粉含水率的要求在魔芋粉行业标准（NY/T 494—2002）中已有明确规定，普通魔芋精粉≤11％～13％，纯化魔芋微粉≤10％。最适宜的贮藏温度为25℃以下，相对湿度小于65％。对库房的要求是，干燥、通风、避光，应有防潮设施。对所用容器的要求是，应具有气密性、牢固性，以利防潮和运输。在贮藏魔芋精粉的库房中，不允许贮藏有毒、有害、有腐蚀性、有异味和易挥发的物质。

（二）贮藏方法

精粉贮藏的方法很多，根据贮藏温度分类，主要有常温贮藏、低温贮藏和冷冻贮藏。按贮藏中所使用的气体分类，则有真空贮藏、充氮贮藏和空气贮藏等几种。我国魔芋生产企业中，绝大多数企业均采用常温、空气方法贮藏，这从经济性考虑是最适宜的方法。

（三）包装方式

各类魔芋精粉和微粉的包装，均应采用符合食品卫生标准要求的包装材料进行密封防潮包装。国内产品可采用3层防潮包装，即外层用聚乙烯或聚苯乙烯纺织袋、纸箱或复合袋，内层用聚乙烯或聚苯乙烯薄膜袋，中间层用牛皮纸袋。出口产品可采用5层防潮包装，即外层采用聚乙烯或聚苯乙烯纺织袋，最内层用聚乙烯或聚苯乙烯薄膜袋，中间层采用由2层牛皮纸和1层白纸复合而成的包装袋。产品包装应在清洁、干燥的环境中进行，袋口用线缝合密封。包装规格为25千克/袋（箱）或20千克/袋（箱）。产品中转、装卸、运输必须防潮防晒，不与有毒、有腐蚀性、有异味的物品混放和混运。

魔芋精粉贮藏的要求是，应使制得的精粉能长时间（2年以上）贮藏，不受潮、不变色、不变质，保持精粉自身的优良品质，以充分地发挥其优良特性，提高精粉的利用价值。

二、魔芋精粉的质量检测

正确判定魔芋精粉产品质量对于生产、销售及使用都十分重要。

（一）魔芋精粉质量标准

我国先后发布了 6 个省级以上（含省级）的魔芋精粉标准（见表 6-5）。1986 年，由西南农业大学研究起草了我国第一个魔芋精粉质量方面的地方标准《魔芋精粉（试行）》，由重庆市标准局发布试行。1987 年，由四川省产品质量监督检验所起草了四川省地方标准《食用魔芋精粉》，增加了灰分和含砂量 2 个指标，黏度指标和测定条件也有所不同，由四川省标准计量管理局批准发布实施。1988 年，由云南省轻工业科学研究所和重庆市食品研究所共同起草了中华人民共和国轻工业部标准《魔芋精粉（试行草案讨论稿）》，增加了葡甘聚糖含量、汞含量、铜含量 3 个指标。四川省技术监督局对《食用魔芋精粉》标准进行了修改，并改为《食用魔芋精粉产品质量判定规则》，于 1994 年发布实施。该标准未对精粉粒度、黄曲霉毒素作严格规定，但改变了黏度指标与测定条件，并对水分作出了更严格的指标规定，而对二氧化硫含量、砷含量、铅含量等指标则有所放宽。西北农林科技大学等单位共同起草的《魔芋精粉》国家标准，于 2000 年由国家质量技术监督局发布实施。该标准比 1994 年四川省地方标准增加了葡甘聚糖含量指标，对二氧化硫含量、砷含量、灰分等指标有所放宽，对铅含量、水分等指标的要求也更严，黏度测定指标及测定条件则有所不同。

表 6-5　中国先后发布的省级以上（含省级）魔芋精粉标准

标准类别	标准名称	标准号
重庆市地方标准	魔芋精粉（试行）	DB/5102×11001—86
四川省地方标准	食用魔芋精粉	DB/5100×11001—87
中华人民共和国轻工业部标准	魔芋精粉（试行草案讨论稿）	QB/—88
四川省地方标准	食用魔芋精粉产品质量判定规则	DB 51/212—1994
中华人民共和国国家标准	魔芋精粉	GB/T 18104—2000
中华人民共和国农业行业标准	魔芋粉	NY/T 494—2002

近年来，我国魔芋粉生产发展较快，已由单一的魔芋精粉（干法占 90% 以上）发展到普通魔芋精粉、普通魔芋微粉、纯化魔芋精粉、纯化魔芋微粉等多种类型，尤其是纯化魔芋精粉和纯化魔芋微粉有逐年增加的趋势。过去的标准只适

用于普通魔芋精粉的检测，而且有些指标与方法不十分合理。为此，西南农业大学、农业部食品质量监督检验测试中心（成都）、四川省产品质量监督检验所等单位于 2000 年共同承担农业部《魔芋粉》行业标准项目的制定。在研究、起草和制定过程中，研究起草小组得到了中国魔芋协会的支持，在对各类魔芋粉多批次多点取样检测和参考许多国内外相关技术资料的基础上，经过反复征求意见、讨论、修改，于 2001 年形成了中华人民共和国农业行业标准《魔芋粉》，2002年初由农业部发布施行。该标准的主要技术内容和质量指标体现了我国现有水平，多数指标能与国际接轨（见表 6—6 和 6—7）。

表 6—6　魔芋粉的感官指标

类　别		级　别	颜　色	形　状	气　味
普通魔芋粉	普通魔芋精粉	特级	白色	颗粒状、无结块、无霉变	允许有魔芋固有的鱼腥气味和极轻微的 SO_2 气味
		一级	白色，允许有极少量的褐色		
	普通魔芋微粉	二级	白色或黄色，允许有少量的褐色或黑色		
纯化魔芋粉	纯化魔芋精粉	特级	白色	颗粒状、无结块、无霉变	允许有极轻微的魔芋固有的鱼腥气味和乙醇气味
	纯化魔芋微粉	一级			

表 6—7　魔芋粉的理化及卫生指标

项　目	普通魔芋粉			纯化魔芋粉	
	特级	一级	二级	特级	一级
黏度（4 号转子，12 r/min，30℃）（mPa·s）≥	22000	18000	14000	32000	28000
葡甘聚糖（以干基计，%）≥	70	65	60	90	85
二氧化硫（g/kg）≤	1.6	1.8	2.0	0.3	0.5
水分（%）≤	11.0	12.0	13.0	10.0	
灰分（%）≤	4.5	4.5	5.0	3.0	
含沙量（%）≤	0.04			0.04	
砷（以 As 计，mg/kg）≤	3.0			2.0	
铅（以 Pb 计，g/kg）≤	1.0			1.0	
粒度（按定义要求，%）≥	90				

（二）魔芋精粉质量检测方法中的一些问题

黏度和葡甘聚糖含量是判断魔芋粉质量的最主要指标。在农业行业标准《魔芋粉》中，规定该两项指标为强制性检测项目，但这两个指标的准确测定较难，即使用同一样品检测同一指标，也经常出现不同的结果，这主要与所采用的方法和条件有关。因此，需要了解测定结果的影响因素并严格控制操作条件。

1. 黏度的测定

魔芋粉标准中的黏度，是表观黏度，它是魔芋精粉中葡甘聚糖含量、分子质量大小和分子结构的集中体现，是评定精粉质量的首要指标。魔芋葡甘聚糖水溶胶属非牛顿液体中的假塑性液体，即有剪切变稀的性质，其表观黏度随剪切速率的增加而降低。当采用同一型号的转子检测黏度时，提高转子的速度，黏度降低；反之，黏度升高。更换转子后，即使使用相同转速测定，其黏度值也会不同，这是因为转子直径不同而改变了剪切应力。

制备黏度测定样品，必须使精粉糊化充分。影响精粉糊化的因素有温度、搅拌时间、次数和静置时间等。一般温度越高、搅拌时间越长，糊化越快、越充分。但糊化温度（水浴）不宜大于 50℃，否则样液水分蒸发量过大，改变了精粉浓度，而且精粉中淀粉溶胀导致黏度偏大；若在温度为 25℃ 条件下糊化，需用玻棒以约 120 次/分钟的速度搅拌 1 小时以上，才能保证糊化充分。样液搅拌后，其静置的时间关系到精粉糊化程度与黏度的稳定。25℃ 糊化，静置 4.5~6 小时，黏度可达最大值；再静置 4.5~7.5 小时，黏度无显著变化；超过 7.5 小时，黏度下降。另外，时间过长还会因微生物污染而发酵变酸。因糊化受许多因素的影响，所以在标准中规定了糊化条件，测定时应按规定进行。

温度对黏度值影响很大。温度与黏度呈负相关，即在一定范围内，黏度随着温度的上升而下降。例如，采用 48 转子，12 转/分钟，温度每升高 1℃，黏度下降 500 mPa·s 左右，甚至更多。所以，在黏度测定时，对样液温度应严加控制，使精粉糊化液各部位的温度保持一致，并达到所规定的温度，最好精确到 ±0.1℃。此外，待测糊化液各部位应均匀一致，避免气泡产生，测定时应选多点。

精粉水分含量对黏度值有一定的影响。同一样品敞放一段时间后，黏度下降，可能因精粉吸潮而相对降低了葡甘聚糖含量所致。精粉含水量对黏度的影响呈二次曲线关系，高含水量比低含水量对黏度的影响更大。例如，精粉含水量由 6.296 L 至 7.2 L 时，黏度下降 325 mPa·s，而由 15.896 L 至 16.896 L 时，黏度下降 870 mPa·s（1%，48 转子，6 转/分钟，25℃）。该精粉在含水量为 12% 时黏度为 15000 mPa·s。若严格评价精粉黏度，可按标准含水量（如 11%）计算精粉取样量。因此，表示魔芋精粉黏度值时，应注明转子型号、转速、温度等测定条件。

2. 葡甘聚糖的测定

葡甘聚糖含量是魔芋精粉的基本指标，有时比黏度更重要，如在制作复合凝胶时即如此。葡甘聚糖测定方法有多种，在魔芋精粉国家标准和农业行业标准中均采用"3，5-二硝基水杨酸比色法"。该法虽水解制样较麻烦，但只要样品制备好，测定的准确度高，重现性好，操作简便、快速。所以，该法的关键在于制样。精粉样品称量小，容易产生误差，故特别要注意称量准确；精粉样品提取液容易因温度高、时间长发生腐败变质，故需要注意使用甲酸-氢氧化钠缓冲液；精粉溶液黏度高，需要在移液时注意排放完全。

3. 二氧化硫的测定

为防褐变，在芋角（片、块）加工或精粉湿法加工中使用了硫黄或亚硫酸盐。二氧化硫残留过多对人体产生危害，国外对其指标都要求得很严格。所以，二氧化硫也是魔芋精粉重要的质量指标之一。二氧化硫的测定虽然有国家标准方法——《食品中亚硫酸盐的测定方法（GB 5009.34—85)》，但因魔芋精粉遇水溶胀，不宜直接采用。此外，该法费时，需要配制多种试剂和使用分光光度计，操作繁琐。农业行业标准《魔芋粉》中采用了"蒸馏滴定法"。为保证结果准确，特别是二氧化硫含量低的样品，在测定时应注意以下两点：

（1）由于水中含有一定量的氧，为防止二氧化硫氧化，试剂用水、样液用水必须是新煮沸过的蒸馏水。

（2）由于空气中的氧会氧化二氧化硫，影响测定，故最好通入氮气。

第七章　魔芋深加工

第一节　魔芋食品

在我国，魔芋作为食品和药品利用已有 2000 多年的历史，用魔芋加工制作的食品被联合国卫生组织确定为十大保健食品之一。魔芋食品是以鲜魔芋或魔芋精粉为主要原料或添加剂，经过不同的工艺技术流程和不同的机器设备加工而成的各种不同形态、品质的食品。魔芋葡甘聚糖是一种优良的可溶性膳食纤维，有重要的保健功能，因而魔芋食品受到人们的广泛关注。利用魔芋葡甘聚糖的凝胶性能，可以加工制作出丰富多彩的功能魔芋食品。

一、魔芋普通（传统）食品加工技术

（一）原材料

鲜魔芋或魔芋精粉、水、碱。

（二）加工设备

锅灶或膨化缸、木棍（桨）或搅拌器、盆罐或成型箱、搅拌（精炼）机、杀菌机（锅）、包装机等。

（三）工艺流程

```
          ┌─ 冷水或热水      碱液
          │       ↓          ↓
魔芋精粉 ─→ 膨化搅拌 ─→ 静置 ─→ 精炼 ─→ 成型箱 ─→ 加热凝固 ─→ 称重 ─→ 包装 ─→ 杀菌 ─→ 入库
                                        └────→ 自然凝固 ────→┘
```

（四）操作要点

第一，用水量：一般情况下，精粉与水（冷水或热水）的比例为 1：（40～70），即按精粉的黏度大小和魔芋制品的要求来确定比例。

第二，膨化静置：使精粉充分膨润，静置后的凝胶里没有颗粒状的溶胶，静置时间 60～90 分钟。

第三，用碱量：石灰粉与精粉的比例为（3～5）：100，配制度为 3%，凝胶的 pH 值在 9.5～12.5 之间。

第四，搅拌均匀：石灰水溶液必须均匀在溶胶中扩（分）散，采用机械搅拌是非常重要的。

第五，凝固成型：如果精粉是采用冷水膨化，应加热（80℃左右）凝固成型；如果精粉是采用热水（60℃左右）膨化，则会自然（常温）凝固成型。

第六，整形包装：按魔芋制品要求整形后进行包装，包装后应进行杀菌处理，才能延长保质贮藏时间。

二、魔芋仿生食品加工技术

魔芋仿生食品是以普通魔芋凝胶为基础，采用各种仿生模具及手段，经不同工艺的成型工序加工出的各种仿生形态的魔芋食品，如魔芋条、片、块、粉丝、魔芋素鸭肠、素肚片、腰花、蹄筋、丸子、花卷等。目前，魔芋普通食品及仿生食品占魔芋食品市场销售量的60％左右。

（一）原材料

鲜魔芋或魔芋精粉、水、碱。

（二）生产设备

膨化搅拌机、精炼机、碱液装置、热成型机、杀菌机及各种仿生模具、周转容器、包装机等。

（三）工艺流程

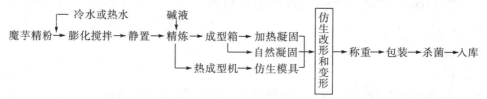

（四）操作要点

第一，冷水搅拌加热定形法：在膨化机中加入冷水（常温）和适量的魔芋精粉，搅拌6～10分钟后，静置2～3小时，达到充分膨化。在进入精炼机前再进行一段循环输送搅拌混合，使膨化缸和管道中膨化物的状态达到一致。在精炼机中边加碱液边精炼搅拌后送到成型箱，加热到80℃～100℃，经20～30分钟后凝固定型。

第二，热水搅拌自然定型法：在膨化机中加入热水（55℃～75℃）和相当于制品倍率一定量的魔芋精粉，经4～6分钟的搅拌混合后，静置1～2小时，达到充分膨化。在进入精炼机前进行一段循环输送搅拌混合，使膨化缸和管道中膨化物的状态达到一致。在精炼机中边加碱边精炼搅拌后，泵送到成型箱，经2小时后自然凝固定型。

第三，加水量的确定：无论用冷水或热水，其用量相同。根据工艺制品的要求，可以使用相当于精粉质量 20～80 倍的水，这与精粉的黏度和制品的硬度、韧性有密切关系。

第四，加碱比例的确定：凝固剂的种类较多，并且由于其含碱性的强弱不同，添加的比例也不一样。通常，采用食用级的氢氧化钙较多。氢氧化钙的添加量以相对于魔芋精粉质量的 3‰～5‰ 为宜，且凝固剂的浓度在 3% 左右。

第五，精炼搅拌混合：在精炼机中，凝固液是均匀地分洒在凝胶中，边加碱液边精炼搅拌，使均质后的凝胶化反应充分地进行，但时间不能过长，精炼时间以 1～2 分钟为宜。

第六，成型：在成型箱中定形完毕后，通过一定的设备、模具改变形状，切成块、片、条、丁、三角、穿孔、翻花、鱿鱼、腰花等各种特定需求的形状。通过粉丝模热成型后，经人工或机械方式可改变粉丝形状，如形成魔芋丝结、魔芋丝卷等。

第七，保鲜液的种类：加保鲜液包装保存魔芋食品的方法较多，其配方有碱性保鲜液、碱加食盐的混合保鲜液、酸性保鲜液、酸加食盐的混合保鲜液等。目前，使用碱加食盐的混合保鲜液较为普遍。以氢氧化钙为例：$Ca(OH)_2$ 含量为 0.02%～0.2%，盐含量为 1%～5%，pH 值在 9～12 的范围。

第八，称重、包装、杀菌：在食品称量时应考虑缩水率，一般缩水率应在 10% 左右。在真空中或用保鲜液包装时，应尽可能排净包装中的空气。同时，还应根据食品品种的不同，所采用的杀菌时间和温度也应略有差异，一般应控制在温度为 80℃～100℃、时间为 10～30 分钟范围内。

三、魔芋附味食品加工技术

魔芋附味食品是在保持魔芋豆腐固有特性的基础上，采用一定的工艺技术对魔芋豆腐的品质（色、香、味及营养成分）进行改良并添加各种色彩及风味的魔芋食品。

（一）原材料

魔芋精粉、水、碱及附味添加物料。营养类包括海带粉、蔬菜粉、水果粉、淀粉、植物蛋白等。风味类包括麻、辣、甜、咸、辛味物料，以及食用香精、天然色素等。

（二）生产设备

使用仿生食品设备。

（三）工艺流程

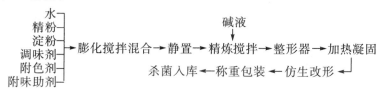

123

（四）操作要点

第一，原料按工艺配方称量后，进入膨化搅拌缸的顺序为：水、淀粉、附味助剂、调味剂、附色剂、精粉。

第二，精粉、水、碱的比例同仿生魔芋食品比例。

第三，淀粉类有：汤圆粉、玉米淀粉、豆粉、面粉等，其添加比例为精粉质量的 20%～100%。

第四，调味剂类有：食盐、花椒粉、辣椒粉、甜味剂、酸味剂、胡椒、咖喱、芥子、辛香料等，其比例按各销售地的大众品味调配。

第五，附味助剂类有：蔗糖脂肪酸酯、微小纤维素（简称 MFC）、κ－鹿角（菜）胶等，其比例为精粉质量的 0.5%～10%，其目的是增加附味的良好效果。

第六，营养剂类有：畜产品的猪、牛、羊肉，禽产品的鸡、鸭、鹅肉，水产品的鱼肉等，以上营养剂应为粉状或浆状，其比例为精粉质量的 1～5 倍。

第七，蔬菜类有：海带、青豆、青菜、芹菜、胡萝卜、白萝卜等，以上蔬菜类应为细小颗粒状、丝状、浆状，其比例为精粉质量的 1～5 倍。

第八，为延长食品的保质期，可适当添加一定量的防腐剂。

四、魔芋改性食品加工技术

魔芋改性食品是根据葡甘聚糖的基本特性，按照食味和营养的特定需要，采用不同工艺技术的处理方法，加工出与魔芋豆腐不同组织结构和食感的魔芋食品。例如，魔芋肉松糕、魔芋牛肉干、雪魔芋、五香魔芋春卷、魔芋鸭味条、魔芋肉丝卷、魔芋鱼松糕、魔芋休闲食品等。

（一）原材料

水、精粉、碱、附味剂、营养剂、调味剂、淀粉等。

（二）生产设备

魔芋食品机械、冷冻箱（柜）、充压机（泵）、粉碎机、调味机（器）、真空包装机。

（三）工艺流程

```
                              调味剂 ┌─加压浸汁
                                    │ ↓
魔芋豆腐→切块片条→冷冻→解冻→挤压脱水→网状片条
真空包装←缓疏冷却←挂衣油炸←烘烤杀菌←┘


  淀粉、营养剂、调味剂 ┐              碱液 ┐
                     ↓                  ↓
魔芋豆腐→粉碎→离心脱水→网状丝屑→精粉膨化糊→精炼搅拌
成品←杀菌包装←改形←加热成型←┘
```

（四）操作要点

第一，魔芋豆腐按精粉：水＝1：（25～35）的质量比为宜。

第二，切块、片、条的尺寸按产品工艺及包装盒、袋确定。

第三，加压浸汁是让调味器液汁充满网状孔眼成为一体化。

第四，让一体化块、片、条的表面挂上一层淀粉和调味品混合糊，油炸成脆皮。

第五，经粉碎、离心脱水后应是疏松的网状丝屑产品。

第六，营养剂、调味剂、防腐剂、改形、杀菌、包装等与附味魔芋食品相同。

第七，营养剂、淀粉、调味剂等也可在第一次加工魔芋豆腐时加入，其效果相同。

第八，第一次加工的魔芋豆腐和第二次加工的精粉膨化糊的质量比为(1～5)：1。

五、魔芋液态食品加工技术

魔芋液态食品是根据魔芋葡甘聚糖凝胶特性，按不同工艺技术方法加工出的低浓度、不同品质、不同风味、不同功能的饮料型食品。例如，魔芋果肉悬浮饮料、魔芋果子露、魔芋牛奶（豆浆）饮料、魔芋保健饮料、魔芋花生乳、魔芋茶饮料、魔芋香槟等。

（一）原材料

精粉、水、各种茶叶、果肉（汁）、牛奶（豆浆、花生乳）、香精、食用色素、糖、调味剂等。

（二）生产设备

膨化搅拌机（缸）、配料机、分离过滤机、均质机（泵）、蒸煮锅、冷却箱（池）、罐装机、封罐机、杀菌机、洗瓶机等。

（三）工艺流程

```
                    ┌茶叶类汁、果汁类汁、功能类液、食用色素、调味剂
                    ↓
精粉、水──→膨化搅拌──→均质──→蒸煮──→罐装──→封口──→杀菌──→冷却
                                          成品←──包装←──┘
```

注意：本工艺流程为共性总体工艺流程，各类饮料产品的具体操作大同小异。

（四）操作要点

第一，精粉和水的比例为（2～4）：1000。

第二，茶叶类汁：花茶、红茶、绿茶各具色泽与香味，按产品销售地习惯喜欢的茶叶为基料调剂，过滤去渣，待调配时用。

第三，果肉：果肉有橘子囊粒、广柑囊粒等。选择无损伤、无腐烂、无虫害和无农药残留的鲜橘（柑），手工去皮、分瓣、去核、除橘络，在温水中浸泡轻搅拌，使果肉囊粒均匀分散，备用。

第四，果汁：果汁以香蕉、菠萝、柠檬、苹果、草莓等水果为基料，去皮、洗净、粉碎、挤压、取汁、配料。

第五，功能性液体：牛奶、豆浆、花生乳、核桃乳等各具其自身的营养功能，可满足不同层次需求的消费者。

第六，食用色素：为保证产品在市场销售中满足人们心理需求的色彩要素，可酌情添加红、黄、绿、黑等食用色素来调配。

第七，调味品：主要有甜（糖）味、酸甜味、香精味等调味剂，丰富饮料的风味及口感种类，满足不同消费者口感的适应性。

第八，蒸煮、杀菌工序的时间为 30~40 分钟，温度为（90±5）℃。

第九，抽查检验：按企业标准严格执行。

第十，各工序过程都必须注意清洁卫生，符合食品卫生许可指标。

实例：魔芋果肉悬浮饮料

1. 原料

水、魔芋精粉、白砂糖、果肉、柠檬酸、香精、色素。其中果肉制法如下：

（1）选择无腐烂、无损伤、无虫害和无农药残留的鲜柑橘，手工去皮、分瓣、去核、除橘络。

（2）用 0.1%~0.5% 的盐酸水溶液浸泡 30~50 分钟，用清水洗去酸液。

（3）放入 0.3%~0.5% 氢氧化钠溶液中浸 3~5 分钟，沥干后用清水反复冲洗，洗去碱液。

（4）轻轻搅拌，使果肉囊粒均匀分散。

（5）将散开的囊粒与糖液混合，灌装、排气、密封、杀菌。

（6）送入低温库保存，可保持鲜果原味。没有果肉的地方，也可到果肉专门制备厂购买。

2. 配方

魔芋精粉 0.3%，柠檬酸 0.2%，白砂糖 12%，香精 0.1%，果肉 8%（柑橘），色素适量，水 100 kg。

3. 设备

配料罐、搅拌机、过滤器、蒸汽锅炉、洗瓶机、蒸汽夹层锅、循环冷却池、灌装机、封盖机、杀菌池（或高压灭菌锅）、洗瓶池、消毒池等。

4. 工艺流程

果肉、柠檬酸、香精、色素————┐

精粉→加水搅拌→加糖搅拌→加热搅拌→过滤→冷却至50℃→

搅拌均匀→罐装→封盖→巴氏杀菌→抽样检查→贴标签→成品

5. 操作要点

（1）魔芋精粉按配比加水搅拌约90分钟，在40℃左右的温水中搅拌30分钟。

（2）加热、加糖继续搅拌10分钟，加热到沸点。

（3）用两层纱布或滤网（140目）进行过滤除去杂物。

（4）在冷却到60℃以下时，加入果肉（柑橘肉囊粒）、柠檬酸、香精、色素少许搅拌混合均匀。

（5）用洁净的瓶子进行灌装，不得太满，应留5%空间。

（6）封盖后进行巴氏杀菌，85℃，40分钟。

（7）抽检合格后，贴标签，注明生产日期和生产厂名，保质期。

（8）装箱，成品，销售。

6. 感官指标

（1）色泽：符合该产品应有色泽，色泽鲜明，浑浊适中，无絮状沉淀。

（2）外观：瓶内外清洁，封口牢固，牙口不外张，不渗漏，瓶盖无锈斑。

（3）味道：滋味和顺，甜酸度适宜，气味纯正，符合魔芋品种应有风味。

（4）杂质：无肉眼可见杂质。

（5）标签：符合GB7718—2003。

7. 理化指标

（1）固形物（%）≥6。

（2）葡甘聚糖（%）＞0.1。

（3）铅（以Pb计，mg/kg）≤1。

（4）砷（以As计，mg/kg）≤0.5。

（5）铜（以Cu计，mg/kg）≤10。

（6）pH值为6~8。

（7）食品添加剂，符合GB 2760—1996规定。

8. 微生物指标

（1）细菌总数（个/10 g）≤100。

（2）大肠杆菌群（个/10 g）≤6。

致病菌不得检出。

9. 结论

魔芋精粉的加入，不仅使果肉饮料的保健、疗效功能有所增加，而且在一定程度上可代替增稠剂、稳定剂和悬浮剂，因而其成本较低。该产品适合于大众消费，若将白砂糖用木糖醇代替，则更适合肥胖症、糖尿病患者以及老年人饮用。

六、魔芋粉丝加工技术

魔芋食品作为可溶性膳食纤维食品，其独特的保健功能已越来越引起人们的重视。随着我国人民生活水平的不断提高，作为深加工的系列魔芋食品，越来越多地展现在人们的餐桌上。笔者所述的魔芋粉丝就是以魔芋精粉为原料，采用先进的工艺技术和加工设备进行工业化生产的保健食品之一。魔芋粉丝的直径大小按模具（喷头）孔的尺寸来确定，现在市场上以直径为 1.2 mm 和 1.5 mm 的居多，成品以"打结"后袋装或盒装的占绝大多数。魔芋粉丝的烹饪方式与其他魔芋食品一样，可以煮、炒、凉拌等，特别是吃火锅，风味、口感别具一格，颇受食者的青睐。

（一）工艺流程

优质精粉→搅拌膨化→静置膨化→精炼→凝胶化处理→挤压喷丝

→加热定型→碱水浸漂→打结成团→定量装袋、盒→加保鲜液→

热合封口→消毒杀菌→二次热合封口→检验→装箱→打包→成品

（二）加工设备

魔芋粉丝的加工设备有膨化搅拌机、精炼机、碱液机、热水箱、粉丝槽（蛇形槽）、杀菌机、包装机及一些辅助机具，如推车、保鲜液桶及周转容器等。魔芋粉丝设备按用户的生产规模、产量大小来匹配合适的成套加工设备。

（三）操作要点

第一，魔芋精粉：按国家农业部 NY/T 494—2002 标准采用一级以上优质魔芋粉，黏度≥18000 mPa·s。

第二，膨化用水：水温为 20℃左右，加水量的比例为精粉质量的 26～34 倍（按黏度质量高低定比例）。

第三，凝固剂：采用魔芋食品专用石灰粉，其粒度为 300 目筛下物。

第四，精粉搅拌膨化：用搅拌机和输送泵边输送边搅拌 5～10 分钟，使精粉吸水膨润均匀，成为无明显颗粒且混合均匀的胶体溶液。

第五，静置膨化：根据气温高低，静置膨化时间 90～180 分钟，膨化好后胶体溶液应是半透明的魔芋糊状胶体。

第六，凝固剂配制：按石灰粉：水＝(1.5～2)：100 的比例配制，含量为 1.5%～2%。

第七，凝固剂用量：按石灰粉：精粉＝5：100 的比例，含量为 5%。

第八，精炼搅拌：将静置膨化好的魔芋糊状胶体送至精炼机进行充分均匀地机械搅拌混合。

第九，凝胶化处理：搅拌混合好的糊状胶体连续不断地与预先配制好的凝固剂按比例同步添加拌和均匀。

第十，挤压喷丝：拌和均匀的糊状胶体经输送泵及时地通过粉丝模具挤压喷出粉丝。

第十一，加热定型：水温保持在（85±5）℃，挤压喷出的粉丝在粉丝槽内经泵循环流动的热碱水中进行熟化。

第十二，碱水浸漂：碱水配比按0.05％配制，浸漂时间约24小时。

第十三，打结成团：按销售客商要求进行人工打结，从外观看，打结好看；从大小看，重量一致。

第十四，定量装袋（盒）：按客商要求装袋（盒），包装规格质量200 g、250 g、300 g、500 g等。

第十五，加保鲜液：保鲜液浓度按0.1％比例配制，保鲜液按每袋（盒）粉丝净重约40％加入。

第十六，热合封口：将定量装好粉丝和保鲜液的食品袋（盒）进行热合封口，要求食品袋（盒）封口平整、美观，不允许漏气（液）。

第十七，消毒杀菌：将热合封口后的合格包装袋（盒）放入杀菌箱中蒸煮，水温（90±2）℃，时间40~60分钟，从热水里捞出放入冷水中冷却或自然冷却，待晾干后送入下道工序。

第十八，二次热合封口：将杀菌后的食品袋（盒）检验合格后，放入印有商标的外包装袋中进行热合封口，要求封口平整美观，不漏气（液）。

第十九，检验装箱：把按工艺技术要求检验合格的食品袋（盒）进行定量装箱，并排列整齐一致。

第二十，打包贮藏：将装好的食品袋（盒）的包装箱进行打包，要求松紧一致，并按生产时间顺序、批次依次堆放贮藏在成品库中，要求整齐排列，不得超高堆放。成品库要干燥、阴凉、通风，气温保持在（20±5）℃，不受阳光直晒。

（四）检验标准（企业标准）

第一，外观形状：感官上看，色泽漂白、手感细腻，粗细一致，具有一定的韧性、拉力，透明无夹杂物、无气泡的丝状胶体，形态完整。

第二，口感：适口性强，口感细滑，咬劲较好，无明显异味，无变质现象。

第三，重量指标：固形物重量允许误差为±10％，保鲜液中固形物重量约占40％。

第四，理化指标：按食品卫生要求，检测砷、铅含量，pH值在10~12之间。

第五，细菌指标：按食品卫生要求，检测细菌总数、大肠杆菌数不允许超标。

1998 年中国卫生部已将魔芋列入普通食品管理的食品新资源名单里。

七、其他魔芋食品

（一）魔芋低聚糖

魔芋低聚糖是魔芋葡甘聚糖经 β－甘露聚糖酶的不完全水解而得到的产物。它能有效地促进双歧杆菌的生长，优化肠内菌群结构，减少有毒发酵产物及有害菌的产生，增强机体的免疫力和抗氧化能力，其性能优于许多其他低聚糖。它不仅适用于健康人群，亦适用于糖尿病患者长期服用，且在加工中不易破坏，易于保存，因而在食品工业中有很好的应用前景。

（二）减肥食品

由于魔芋葡甘聚糖有良好的减肥效果，中国和日本都在生产用魔芋葡甘聚糖制作成的粉剂或片剂减肥食品，食用方便，受到消费者特别是肥胖年轻女性的欢迎。

第二节　魔芋作为添加剂在食品中的应用

由于魔芋葡甘聚糖具有增稠、乳化、胶凝、黏结、保水等性能，在食品工业中被用作增稠剂、悬浮剂、乳化剂、稳定剂、品质改良剂等食品添加剂，广泛应用于粮食制品、肉制品、饮料、调味品、豆制品等食品中。

一、在粮食制品中的应用

魔芋葡甘聚糖具有良好的黏结性、吸水性、保水性，在挂面、方便面、粉皮、粉条、沙河粉、米粉、馒头、包子、饺子、面包、蛋糕、蛋奶酥、曲奇饼及其他糕点等粮食食品中均有重要用途。应用时，称取适量的魔芋精粉（用量一般为 0.1%～0.5%），加入其重量 50～80 倍的水，强力搅拌一定时间，至精粉颗粒充分溶胀，然后与原料充分混合，再按产品的一般生产工艺操作。

在面包制作过程中，添加占面粉重量 0.1%的魔芋精粉，其气孔率和膨胀率均较不添加的高，面包体积增大，质构细腻均匀，并更富弹性，口感柔软酥松，非常适口。但添加不能过量，否则会由于其过强的吸水能力而妨碍蛋白质颗粒在水中的充分溶胀，面包气孔大小不均匀，孔壁厚。在面粉中掺入魔芋粉制作出的馒头，个大，松软可口。

在蛋糕基料中加入适量的魔芋精粉，可使制品具有良好的保湿性，膨松柔软，吃时不掉渣、不粘牙，口感松软细腻，货架期延长 1 倍左右。

在面条中添加 0.5%的魔芋精粉，可使贮藏期延长，韧性增加，耐煮性提高，不浑汤，断条率明显减少，口感滑爽、绵软，表面光洁度明显改善。

在粉丝制作过程中添加适量魔芋精粉，可克服成品易断碎、浑汤的缺点，耐煮性强，不变色，口感好，耐嚼。在各类粉质原料中添加魔芋精粉的比例（干重比）：米粉、豆粉为0.1%～0.5%，玉米粉、马铃薯粉、甘薯粉为0.5%～1.0%。

在焙烤制品中添加适量的魔芋精粉，由于受魔芋葡甘聚糖的阻碍而减慢了糊化淀粉分子间的重新有序排列，延缓淀粉的回生，并防止水分的快速散失，从而延迟了焙烤制品的老化。

二、在肉制品中的应用

传统的肉制品属于高脂肪、高胆固醇类食品。近年来，随着人们生活水平的提高和饮食观念的改变，低脂肉制品日益得到广大消费者的青睐。在香肠、火腿肠、午餐肉、鱼丸等肉制品中添加适量的魔芋精粉，可起到黏结、爽口和增加体积的作用。当魔芋胶与水混合加于肉糜中时，可以增加肉糜的吸水量，改善肉糜的质构，使其富有弹性。用魔芋胶代替肉制品中的部分脂肪，可改善水相的结构特性，产生奶油状滑润的黏稠度，特别是当魔芋胶与卡拉胶复配后添加于低脂肉糜中，可显著改善制品的质构，提高持水性，从而赋予低脂肉糜制品多汁、滑润的口感，达到模拟高脂肉制品的要求。

将魔芋凝胶加入火腿和香肠制品中，作为增量剂和调节这类制品口感的改良剂，可明显提高这类制品的成品得率和品质。用魔芋粉替代部分脂肪生产香肠，肠体弹性强，切片性好，香肠持水性增强，而脂肪和能量则下降，即使替代脂肪达20%，产品的质地和风味仍很好，且有较长的货架期。西式火腿要求肉块间结合紧密、无孔洞、裂缝、组织切片性能好和有良好的保水性，常规方法是通过添加大豆蛋白、变性淀粉等，而添加占肉重2%的魔芋精粉，既可达到上述目的，又比大豆蛋白、变性淀粉成本低。

（一）魔芋复合营养灌肠

1. 产品配方（以猪肉重为100%计）

魔芋凝胶10%，骨糜15%，番茄20%，玉米淀粉10%，大豆蛋白4%，生姜、葱各1.5%，胡椒粉0.3%，味精0.1%。

2. 工艺流程

猪肉分割→腌制的绞肉馅　⎫
魔芋凝胶、番茄、大豆蛋白　⎬→斩拌制馅→灌肠→烘烤→煮制→再烘烤→包装→检验→成品
玉米淀粉、骨糜、辅料　⎭

3. 操作要点

（1）肉的腌制：肉切块，加入盐2.8%、亚硝酸钠0.1 g/kg、维生素C 0.1 g/kg、焦磷酸钠1 g/kg、白砂糖和水适量，在4℃～8℃下腌制24～48小时。

（2）骨糜的加工工艺：原料骨→清洗→冷冻→粗碎→细碎→粗磨→细磨→骨

糜成品。

（3）魔芋凝胶的制备：魔芋精粉 4 g，水 100 mL，混合搅拌 10～15 分钟，调 pH 值从 0.5 升至 11.0，存放 8～10 小时。

（4）灌肠加工：按上述工艺、配方将肠灌好，在 80℃下烘烤 30 分钟，放入 90℃水中煮 1 小时，再放在 85℃的烤箱中烘烤 5～6 小时，然后自然冷却，经包装和检验合格后即为成品。

该产品将魔芋凝胶、大豆蛋白、食用鲜骨糜、蔬菜等添加到灌肠制品中，改良了灌肠制品的结构和风味，并达到动植物营养成分互补、提高产品营养价值、增加花色品种和降低产品成本的目的。

（二）魔芋代脂肉糜

1. 产品配方

瘦肉 70 g、肥膘 17.5 g、脂肪代用品（复配魔芋胶）0.8 g、食盐 3.5 g、亚硝酸钠 0.05 g、复合磷酸盐 0.3 g、调味料 0.2 g、玉米淀粉 12.5 g、大豆分离蛋白 3 g、水或冰水 50 g、硫酸钙 0.5 g、蔗糖 2 g、酪蛋白酸钠 0.25 g。

2. 工艺要点

将原料肉用食盐、亚硝酸钠拌和均匀，在 0℃～4℃下腌制 2～3 天后斩拌，在斩拌过程中添加食品胶、复合磷酸盐、大豆分离蛋白、调味料、玉米淀粉等，用匀浆机匀浆后灌装，然后在 85℃的恒温水浴中烧煮 1.5 小时，冷却后，入库保存。

（三）魔芋火腿肠

1. 产品配方

冻碎猪肉 95 g、复合魔芋胶 1 g（视需要变动）、食盐 3 g、亚硝酸盐 0.2 g、复合磷酸盐 0.6 g、调味料 1.2 g、糖 2～3 g、维生素 C 0.1 g、马铃薯淀粉 6～12 g、大豆蛋白 8 g、水或冰水 70 g 左右。

2. 工艺要点

先将碎肉用食盐和亚硝酸盐于 10℃以下腌制 2 天左右，取出斩拌，在斩拌中添加水溶复合胶，使肉中蛋白与复合胶相结合，再加入其他配料，继续斩拌均匀，然后真空灌装封口，在 80℃左右水中煮制 1.5 小时，取出冷却 10～12 小时即可。

三、在饮料中的应用

魔芋葡甘聚糖具有增稠、悬浮、乳化、稳定等性能，将其添加于饮料中，可改良品质。在蛋白饮料中添加 0.2%～0.4% 的魔芋精粉，可使产品不析出油、不凝聚沉淀，品质更加稳定，质感厚重。

发酵型、果汁型酸奶或人工添加酸化剂的各类乳制品饮料加热杀菌时，在酸性条件下，所含酪蛋白很容易发生蛋白凝聚沉淀现象，严重影响外观及口感。在果奶、勾兑酸奶、炼乳、摇摇奶、AD钙奶，特别是直酸型酸奶中，添加0.3%～0.35%的魔芋精粉，可使瓶装产品保存3个月，易拉罐产品保存12个月而不凝聚沉淀或分层。

在带果肉的饮料中，加入少量魔芋葡甘聚糖及复合胶，能形成凝胶立体网络结构，可大大改善其悬浮效果、外观质量和调节其口感。利用魔芋葡甘聚糖的热不可逆胶凝性，制成凝胶颗粒，与不同的果汁、蔬菜汁等调配，可以制成不同风味的魔芋珍珠饮料。将魔芋凝胶颗粒与草莓汁配合，可制得魔芋草莓复合颗粒果汁饮料。以刺梨汁为主要原料，配以魔芋凝胶颗粒，并以魔芋精粉与其他增稠剂复配作增稠稳定剂，可制成营养丰富、风味独特的刺梨果汁颗粒饮料。

（一）魔芋"珍珠"刺梨果汁

1. 产品配方

刺梨原汁20%，魔芋凝胶颗粒8%，蔗糖10%，柠檬酸0.25%，魔芋精粉0.16%，琼脂0.15%，山梨酸钾0.04%，加水补足至100%。

2. 操作要点

（1）魔芋凝胶颗粒制取：称取魔芋精粉，按1：30加水溶胀，用占精粉重量5%的氧化钙作凝固剂，加水配成3%的浓度，在搅拌下加入。然后置于120℃蒸锅中半小时，基本凝固成型后，入沸水中煮20分钟，即得到颜色洁白的魔芋凝胶块。将凝胶块切成3 mm×3 mm×3 mm的颗粒，再放入沸水中漂去碎屑和残留碱味，捞出备用。

（2）增稠剂的使用：称取所需用量的魔芋精粉与琼脂，用15倍水溶胀，搅拌加热至完全溶解，趁热过滤备用。

（3）调配：将蔗糖加水溶解，煮沸过滤，在搅拌下分别加入山梨酸钾溶液、刺梨原汁、柠檬酸溶液、魔芋凝胶颗粒和增稠剂溶液，最后用水补足至规定量，搅拌均匀。

（4）灌装、杀菌、冷却。

（二）魔芋茶饮料

近年来，茶饮料在中国的饮料市场上异军突起，成为增速最快的饮料之一。将魔芋精粉加水膨润，茶叶经热水抽提、过滤、浓缩，然后混合调配均质，可制成低热值、富含营养保健成分、口感良好、风味独特的魔芋红茶和魔芋花茶饮料。利用魔芋胶对茶叶进行假塑外形，既赋予茶叶良好的形态，又可使茶汤滋味的厚感增强。近年，西南农业大学龚加顺等研究成功魔芋茶饮料，解决了冷饮茶的"冷后浑"问题，使冷饮茶能用透明容器包装，提高其商品性。

1. 工艺流程

茶叶→热水浸提→滤液⎫
魔芋葡甘聚糖→溶胶液⎬→调配→均质→粗滤→膜过滤→灭菌→热灌装→倒瓶→水冷却→成品
糖、酸→糖酸液⎭

2. 工艺要点

过滤和灭菌是首要的控制点，过滤的目的在于去除茶液和魔芋溶胶中少量的水不溶性物质；灭菌则是为了提高产品的保质期。热灌装灭菌效果好，无须二次灭菌，极大限度地避免了茶叶成分的损失与破坏，因而风味较好。

（三）魔芋酿酒

魔芋球茎经加工提取葡甘聚糖之后的副产品称为"飞粉"。飞粉中含有约40％的淀粉、20％的粗蛋白，以及丰富的纤维素。选用魔芋飞粉为原料，利用特种酵母菌种，发酵完成后用蒸馏法脱醇制得魔芋无醇啤酒，产品不仅保留了啤酒原有的风格，而且风味独特，清爽纯正，还可回收醇类，既降低了成本，又提高了啤酒档次和质量。此外，也可生产魔芋香槟和魔芋白酒。

1. 制作工艺

魔芋干片→磨粉→水解→过滤→发酵→产酒精→陈酿→催熟→过滤→调配→装罐→密封→灭菌→成品。

2. 操作要点

（1）磨粉：将经过去毒处理的魔芋干片磨成粗粉（不用精粉的目的是为了降低成本和提高产量）。

（2）水解：用α-淀粉酶将魔芋粉中的葡甘聚糖水解成为葡萄糖与甘露糖，以利于发酵。

（3）粗滤：粗滤可去除不溶性的纤维质和其他杂质。

（4）发酵：将8％～10％新鲜酵母液接入发酵缸中搅拌均匀，也可在其中加一些抗氧化剂，以防氧化。然后，进行发酵，发酵温度控制在30℃～33℃之间。同时为了提高发酵液中酒的生成量，在发酵时可加入一定量的砂糖，加糖量控制在10％～12％（砂糖需用发酵液溶解），使发酵后产生的酒精度为6％～7％，发酵时间为4～6天。

（5）陈酿：陈酿的目的主要是使酒体澄清，风味协调。陈酿时缸内密封不留空隙。

（6）催熟：采用冷热相间的处理方法，加速新酒老熟，以缩短酒龄和提高酒的稳定性，并使酒体澄清，改善酒的风味，可使陈酿时间缩至10～15天。

（7）过滤：此次过滤为清滤。采用硅藻土过滤，去除发酵后的混浊物质，达到进一步澄清酒的目的。

（8）调配、成品：经催熟处理后的酒，按成品酒的质量要求对糖酸比加以协调，并采用不同工艺或用不同酒龄的酒进行勾兑后，即为成品。

3. 成品质量标准

成品清澈透明，低酒精度，酸甜爽口，具有魔芋独特的香气。

以魔芋及魔芋精粉为原辅料生产饮料是一种新工艺，而且我国魔芋资源丰富，有利于产品开发。其产品具有防癌、减肥、降血脂、降血糖等多种功效，是一种理想的保健食品。同时它对丰富饮料的种类，促进饮料业的发展，具有一定的意义和市场前景。

四、在冷饮中的应用

魔芋精粉应用于冰激凌、雪糕、刨冰等中，可减少脂肪用量，提高料液黏度，增强吸水率，提高膨胀率，改善制品的组织状态，阻止粗糙冰晶形成，防止砂糖结晶析出，使制品口感细腻滑润，形态稳定，提高出品率和贮藏稳定性。例如，用0.5%魔芋精粉作为乳化稳定剂比用0.5%羧甲基纤维素钠作为乳化稳定剂对冰激凌有更好的改良作用。加羧甲基纤维素钠的冰激凌易溶化，口感有微小冰晶；而加魔芋精粉的冰激凌则口感细腻滑润，且不易溶化，其膨胀率也较高。将魔芋精粉与黄原胶、瓜尔胶等复配作为冰激凌的乳化稳定剂，与单一胶相比，性能更优良，能缩短老化时间，并且用量少（0.2%～0.4%即可），使用方便，降低成本。

实例：茶叶冰激凌的配方及工艺要点

1. 产品配方

脱脂奶粉15%、白糖16%、魔芋复合胶（与卡拉胶等复合）1%、羧甲基纤维素钠1.5%、棕榈油1%、红茶粉5%（或绿茶粉4%）、蔗糖脂肪酸酯0.2%、乙基麦芽酚0.01%，其余为水。

2. 工艺流程

各种原辅料溶于水→混合均匀→灭菌→均质→冷却→老化→凝冻→灌装→硬化→检验→成品→入库。

3. 工艺要点

复合胶、羧甲基纤维素钠用热水搅拌溶解，乙基麦芽酚、茶粉分别用85℃热水溶解，棕榈油加热熔化后使用；采用80℃巴氏灭菌30分钟；均质压力15～20 MPa，料液温度60℃～75℃；2℃～4℃下老化12.5小时，并不断搅拌；熟化后的料液于连续式冰激凌凝冻机中－20℃下强烈搅拌冷冻，高压0.25～0.35 MPa，低压0.1～0.2 MPa；在零下40℃下硬化。

该产品具茶叶的风味和颜色，营养丰富，口感清爽，风味独特。

五、在调味酱和果蔬酱中的应用

魔芋葡甘聚糖溶胶的高黏度及切变稀化特性在调味酱、果酱、胡萝卜沙司、番茄沙司中获得广泛的应用。在外力作用下，葡甘聚糖切变稀化，使加有魔芋葡甘聚糖的酱及沙司制品易于流动和有利于涂抹。当外力停止后，所涂抹的酱及沙司流动性减小，黏附性增强。

魔芋果酱是以魔芋、果肉、甜味剂、酸味剂、香料等为原料，经加工而成的西餐涂抹食品，目前已开发的有魔芋苹果酱、魔芋西瓜酱、魔芋果子酱等。在果酱中添加魔芋精粉，既能提高汁液及浆体的黏度，又可作为增量剂和品质改良剂，调节制品的风味和口感，改变外观质量，起到果胶无法起到的作用。

六、在豆腐中的应用

在制作传统黄豆豆腐时，将占原料重 0.1% 的魔芋精粉用温水糊化后，在熬浆前加入豆浆中，充分搅拌均匀，加热煮沸，用石膏定浆，即可得到魔芋黄豆豆腐。它比传统豆腐韧性强，保水性好，耐贮存，不易破碎，外观洁白嫩滑，细腻爽口，烹调时吸味性强。用它制作的豆干、豆丝等食品，则比传统制品风味更佳，并增添了对人体有益的膳食纤维。

第三节 魔芋在有关食品和其他方面的应用

利用魔芋葡甘聚糖的成膜性制成各种可食性膜，可用于方便、无公害包装材料以及食品保鲜膜和配制食品保鲜剂，还可用于制作粉末油脂、粉末香精、香料等的胶囊和微胶囊。

一、在食品保鲜中的应用

魔芋葡甘聚糖是一种经济效益很高的天然食品保鲜剂，能有效地防止食品腐败变质、发霉和虫蛀。目前，魔芋葡甘聚糖已用于许多食品的贮藏保鲜，如水果、蔬菜、豆制品、肉类制品、蛋类及鱼类水产品等。但迄今最主要的应用还是在果蔬类的贮藏保鲜方面，特别是水果的贮藏保鲜。

用魔芋葡甘聚糖 0.2%、卵磷脂 0.1%、2，4-D 0.02% 配制的温州蜜橘保鲜液，并与甲基托布津保鲜液进行比较，在温州蜜橘贮藏 90 天或 120 天后，前者的保鲜效果皆好于后者，烂果率低，损耗率低，且外观色泽及饱满度也非常好。用 0.1% 的魔芋葡甘聚糖对砀山梨果实进行浸果处理，贮藏 150 天，好果率达 91.8%，优于山梨酸和多菌灵防腐剂。用魔芋葡甘聚糖与柠檬酸、山梨酸等复配成草莓保鲜液，可以使草莓保鲜至第六天时其好果率仍达 80% 以上，第七天则为 69.21%，还可以延缓维生素 C 降低、还原糖增加和糖酸比增大；而对照组在第三天已开始出现霉点，好果率下降为 50%，至第五天已完全腐烂。

经过改性的魔芋葡甘聚糖对苹果的保鲜效果优于未经过改性的。用改性魔芋葡甘聚糖在柑橘、葡萄、猕猴桃等水果的保鲜试验中也取得了明显的效果。例如，由改性魔芋葡甘聚糖 0.3%、CMC-Na 0.2%、大蒜提取液 1% 配制的柑橘保鲜液处理柑橘，室温贮藏 60 天，比国光牌 SE-02 保鲜液对柑橘的保鲜效果好，腐烂率与失重率降低，并可较好地保持柑橘品质。

魔芋葡甘聚糖对果蔬的保鲜作用，是由于它在果蔬表面形成的薄膜，可有效地阻止水分的蒸腾，并将果蔬内部细微的代谢活动与外界阻隔，使空气中的氧气不能直接与果蔬接触，从而降低果蔬的呼吸强度。此外，该膜还可隔离外界污染物，抑制病菌及各种霉菌的侵入和蔓延，起到防腐的作用。

二、制作可食性膜及包装材料

魔芋葡甘聚糖为优质膳食纤维，可作为保健食品原料。利用其良好的成膜性，可制作出可食性膜和无公害食品包装材料以及可食性水溶性膜、耐水耐高温膜和热水溶性膜，以满足不同的食品包装要求。魔芋葡甘聚糖经过改性处理后，还可制成性能更好的食用膜和包装材料。

三、国内外魔芋菜的制作

以魔芋为原料制作的食品，如素肚片、素鱿鱼、素腰花等，具有一定的赋味性，用烧、拌、炒、炸等方法可做出多种独特的美味佳肴。

（一）酱爆素肚片

将素肚片在开水中稍浸后捞起漏水。炒锅下油适量，加入葱段、姜片、蒜片、火腿片炒香，加昭通酱、甜酱油、咸酱油、盐、味精、白糖、胡椒、素肚片炒拌，勾芡，淋芝麻油、红油，起锅装盘。其酱香味浓，色泽红亮。

（二）青椒炒素鱿鱼

将素鱿鱼过油捞起漏油。炒锅留油少许，下葱段、姜片炒香，加青椒炒香，放入素鱿鱼、盐、味精、胡椒，勾芡，淋芝麻油，翻炒两下，起锅装盘。其口味清淡，颜色鲜艳。

（三）宫爆素腰花

将素腰花过油，捞起备用。炒锅留油少许，下干辣椒炒香，下葱段、姜片、蒜片炒出香味，加入素腰花，放甜酱油、盐、味精、白糖，勾芡，淋芝麻油起锅装盘。其味鲜香滋嫩，微辣带甜，色泽红润。

（四）魔芋仔兔

将仔兔 1 只洗净，去掉头、爪，斩成小块，用少许姜片、葱段、盐、料酒码

味；魔芋豆腐 750 g 切成 1 cm 见方的条，与茶叶（包在纱布里）一起放入沸水中余两次去掉异味，捞起漂入温水中。炒锅下精炼油烧热，加姜片、葱段、花椒爆出香味，再下仔兔块煸炒，烹入料酒，炒干水气后，下郫县豆瓣、泡辣椒、蒜片、芽菜末炒香出色，掺入适量鲜汤，放入精盐、白糖、酱油，在兔块烧至熟软后，将魔芋条沥干水分后放入锅中一起烧软入味，加入味精，用水淀粉勾薄芡，起锅装盘。

（五）酸菜魔芋丸子

将七成瘦、三成肥的猪肉 750 g 与冬笋 50 g 一起剁细，盛入盆内，加入魔芋粉 20 g，磕入鸡蛋 2 个，放入精盐、料酒、胡椒粉，再加少许清水，和匀搅拌成馅。锅内放入精炼油烧热，将馅挤成直径约 3 cm 大小的丸子，入锅中炸至金黄色后捞出沥油。锅留底油少许，放入姜米 10 g、泡酸菜丝 100 g 炒香，掺入鲜汤，放入丸子，加入精盐、胡椒粉，待丸子烧至炝软，调入味精，用水淀粉勾薄芡，起锅装盘，撒上葱花即成。

（六）玫瑰魔芋

魔芋豆腐 250 g，切成 5 cm 长、1 cm 见方的条，在花茶熬的沸水中余两次，捞出沥干水分。锅内放入精炼油烧至六七成热，将魔芋条沾匀干淀粉再裹上鸡蛋液，放入锅中浸炸至其表面呈金黄色后捞出。锅内放入清水约 100 g，烧沸后下入白糖，待糖汁起大泡时，下入蜜玫瑰和炸好的魔芋条，迅速拌匀，离火，视魔芋条全部粘裹糖汁时，撒入芝麻粉和匀，冷却后起锅装盘。

（七）魔芋烧鸭

将魔芋豆腐切成小块或薄片在开水中余烫后，捞起码盐。将鸭子切成小块或小条，用混合油炒香，起锅备用。将混合油烧至七成热，放入剁细的郫县豆瓣、花椒，炒出香味，再放入鸭块（条）、肉汤、魔芋、姜米、蒜片、胡椒面，小火烧炝，加味精，水淀粉勾薄芡。该菜色泽红亮、味浓醇香、细滑爽口。

（八）凉拌蒜泥魔芋

将魔芋豆腐切成片，在沸水中余几分钟，捞起沥干水分，加少许食盐脱水。将酱油、味精、熟油辣椒、香油、花椒面、蒜泥等，与魔芋片拌匀即成。

（九）魔芋甜烧白

将魔芋豆腐用开水余几分钟，无碱味后，取出切成两刀一断的连片，每片夹豆沙糖馅，摆入碗内呈圆形。糯米淘净后用清水泡 2 小时，沥干，旺火蒸熟，加红糖、化猪油、蜜钱，拌匀后放在蒸碗的魔芋片上，用旺火蒸 40 分钟，取出翻于盘内，撒入白糖、芝麻即成。

（十）魔芋麻辣干

将 60～80 倍水制成的硬型或中软型魔芋豆腐切成条形，在沸水中余几分钟，捞起加盐入味脱水。菜油烧熟，放入脱水后的魔芋条炸 5 分钟，捞起凉冷，再放入油锅复炸一次呈金黄色。将炸好的魔芋豆腐干与熟油辣椒、酱油、白糖、味精、香油拌匀，再撒花椒面和芝麻拌匀盛盘。

（十一）家常魔芋肉丁

将猪肉和魔芋切成 2 cm 见方的丁。魔芋丁用沸水漂后，捞起加盐脱水。炸 1 分钟起锅，然后与肉丁、水豆粉一起拌匀。将肉丁、魔芋丁放入锅内炒散，再加入泡红辣椒、泡菜、姜蒜片，炒香至呈红色，放入葱花，再加酱油、醋、精盐、豆粉、鲜汤收汁，起锅盛盘。

（十二）魔芋炒麻婆豆腐

魔芋豆腐切细，将豆制豆腐切成 2 cm 长的角片，沥干。长葱、红辣椒横切，姜和蒜切细，与 125 g 牛肉丝共炒，再加 2 勺子的猪油，待牛肉颜色变化后，加酱油 3 匙，料酒 1 匙，白糖 2 匙，再加 200 mL 鸡汤煮沸后，加入豆腐共炒煮，最后加 2 匙薯粉浆液，成糊状即可。

此外，还有四川的酸菜炒魔芋豆腐丝，可口开胃，经济实惠；贵州的魔芋麻辣汤，独具民间风味；精制魔芋豆腐还是火锅的最佳添料，味美细滑，在日本最受欢迎。

第八章　魔芋加工相关专利

第一节　一种低乙醇浓度湿法加工魔芋精粉的方法

一、基本信息

专利类型	发明　　实用新型
申请（授权）号	201310322296.4
发明人	巩发永、肖诗明、李静、蔡光泽、张旭东
申请人	西昌学院
申请日	2013 年 7 月 29 日
授权日	
说明书摘要	本发明公开了一种能够有效降低加工成本的低乙醇浓度湿法加工魔芋精粉的方法。该方法包括以下步骤：A. 将魔芋清洗去皮。B. 将魔芋切分护色。C. 在温度为－10℃～0℃的环境下对魔芋进行粉碎、研磨与分离处理。首先，将魔芋与浓度为 5％～15％的乙醇混合后粉碎得到浆状物；然后，将得到的浆状物进行固液分离得到魔芋粉；接着，将魔芋粉与浓度为 5％～15％的乙醇混合后研磨得到固液混合物；最后，对固液混合物进行离心分离得到魔芋精粉。D. 干燥处理。 该方法是在温度为－10℃～0℃的环境下对魔芋进行粉碎、研磨与分离处理，这样只需使用浓度为 5％～15％的乙醇即可防止精粉粒子发生过度溶胀或形成溶胶，其加工成本大大降低，适合在食品加工领域推广应用。

二、说明书

（一）技术领域

本发明涉及食品加工领域，其具体是指一种低乙醇浓度湿法加工魔芋精粉的方法。

（二）背景技术

魔芋又称蒟蒻、花秆莲、麻芋子、蛇头草、花秆天南星等，是天南星科魔芋属的多年生草本植物。魔芋是一种低热能、低蛋白质、低维生素和高膳食纤维的食品，其膳食纤维是目前发现的最优良的可溶性膳食纤维。此外，在通过物理方法加工获得的魔芋精粉中，其主要的有效成分是葡甘聚糖。近年来的研究证明，魔芋中所含的葡甘聚糖对降低糖尿病患者的血糖有较好的效果。因其分子量大，黏性高，能延缓葡萄糖的吸收，可有效地降低餐后血糖，从而减轻人体胰腺的负担。又因魔芋精粉吸水性强，含热量低，既能增加饱腹感，减轻饥饿感，又能降低体重，所以它也是体胖减肥者的理想食品。

所谓湿法加工魔芋精粉的方法，是指在加工精粉的过程中采用保护性溶剂浸渍保护加工，使精粉不膨化、不褐变，经粉碎、研磨、分离、干燥等工序而制取的方法。湿法加工采用的保护性溶液包括有机溶剂保护液和无机溶剂保护液。有机溶剂保护液主要指以食用乙醇作为控溶剂所配兑的保护液，无机溶剂保护液主要指以四硼酸钠（硼砂）为主所配兑的保护液。前者保护液成本较高，但精粉质量好，精粉产品用于医药、食品等行业；后者保护液成本低，但加工的精粉不能食用，仅能作为工业用精粉。

魔芋精粉湿法加工最忌精粉粒子过度溶胀或形成溶胶，过度溶胀或形成溶胶后，即使用乙醇脱水，再干燥，产品的溶解性也将大大下降。此外，精粉粒子过度溶胀还会造成葡甘聚糖的严重损失。因此，在现有的湿法加工魔芋精粉的工艺中，所使用的乙醇浓度通常都不低于 30%，才能保证精粉粒子不发生过度溶胀或形成溶胶。但由于高浓度的乙醇价格昂贵，这也造成了湿法加工魔芋精粉的加工成本较高。

（三）发明内容

本发明所要解决的技术问题是，提供一种能够有效降低加工成本的低乙醇浓度湿法加工魔芋精粉的方法。该方法包括以下步骤：

A. 将魔芋清洗去皮。

B. 将魔芋切分护色。

C. 在温度为 $-10\text{℃}\sim0\text{℃}$ 的环境下对魔芋进行粉碎、研磨与分离处理。首先，将魔芋与浓度为 $5\%\sim15\%$ 的乙醇混合后粉碎得到浆状物；然后，将浆状物进行固液分离得到魔芋粉；接着，将魔芋粉与浓度为 $5\%\sim15\%$ 的乙醇混合后研磨得到固液混合物；最后，对固液混合物进行离心分离得到魔芋精粉。

D. 对得到的魔芋精粉进行干燥处理。

进一步的是，所述步骤 C 中，在温度为 $-5\text{℃}\sim-6\text{℃}$ 的环境下对魔芋进行粉碎、研磨与分离处理。

进一步的是，所述步骤 C 中，所使用的乙醇浓度为 $5\%\sim10\%$。

进一步的是，所述步骤 C 中，所使用的乙醇浓度为 10%。

进一步的是，所述步骤 C 中，在将魔芋与乙醇混合的同时，加入一定量的氢氧化钠，并且要求混合溶液中的氢氧化钠浓度应小于或等于1％。

进一步的是，所述步骤 C 中，在将魔芋与乙醇混合的同时，加入一定量的氢氧化钠，并且要求混合溶液中的氢氧化钠浓度为应0.5％。

进一步的是，所述步骤 C 中，在对魔芋进行粉碎、研磨与分离处理之前，应对魔芋进行预冷处理。

本发明的有益效果：该低乙醇浓度湿法加工魔芋精粉的方法是在温度为 −10℃～0℃ 的环境下对魔芋进行粉碎、研磨与分离处理的，这样，只需使用浓度为5％～15％的乙醇即可防止精粉粒子发生过度溶胀或形成溶胶，产品的黏度也不会降低。相比于现有技术中使用的浓度不低于30％的乙醇，其加工成本大大降低。

（四）具体实施方式

在现有的魔芋精粉湿法加工方法中，对魔芋进行粉碎、研磨与分离处理的过程都是在常温下进行的。在这种工艺条件下，所使用的乙醇浓度通常都不低于30％，这样才能保证精粉粒子不发生过度溶胀或形成溶胶，才能保证产品的溶解性。但是，这种方式由于所使用的乙醇浓度过高，导致其加工成本也高。本发明通过对现有的工艺进行深入研究后发现，当魔芋处在温度较低的环境中，魔芋精粉粒子发生过度溶胀或形成溶胶的几率大大降低，这时只需使用浓度较低的乙醇即可达到与现有湿法工艺相同的效果。为实现上述目的，本发明采用低乙醇浓度湿法加工魔芋精粉的方法。该方法包括以下步骤：

A. 魔芋清洗去皮。在手工去除魔芋球茎的顶芽和根后，放入清洗机内清洗，并去掉外皮。

B. 魔芋切分护色。先用切块机将去皮后的魔芋切成块，再用二氧化硫浓度为 25～100mg/L 的亚硫酸盐溶液进行护色处理。

C. 在温度为−10℃～0℃ 的环境下对魔芋进行粉碎、研磨与分离处理。首先，将魔芋与浓度为5％～15％的乙醇混合后粉碎得到浆状物；然后，将浆状物进行固液分离得到魔芋粉；接着，将魔芋粉与浓度为5％～15％的乙醇混合后研磨得到固液混合物；最后，对固液混合物进行离心分离得到魔芋精粉。

D. 对得到的魔芋精粉进行干燥处理。

该低乙醇浓度湿法加工魔芋精粉的方法是在温度为−10℃～0℃ 的环境下对魔芋进行粉碎、研磨与分离处理的。这样，只需使用浓度为5％～15％的乙醇即可防止精粉粒子发生过度溶胀或形成溶胶，产品的黏度也不会降低。相比于现有技术中使用的浓度不低于30％的乙醇，其加工成本大大降低。

以下是在不同温度的环境下，将通过湿法制得的魔芋精粉与同一浓度的乙醇混合3分钟后，精粉粒子溶胀度（溶胀后与溶胀前质量之比）的对比试验表（见表1、表2、表3）：

表 1

	温　度	乙醇浓度	溶胀度
实施例 1	0℃	5%	1.41
实施例 2	−1℃	5%	1.38
实施例 3	−2℃	5%	1.36
实施例 4	−3℃	5%	1.34
实施例 5	−4℃	5%	1.17
实施例 6	−5℃	5%	1.16
实施例 7	−6℃	5%	1.16
实施例 8	−7℃	5%	1.15
实施例 9	−8℃	5%	1.15
实施例 10	−9℃	5%	1.13
实施例 11	−10℃	5%	1.13
实施例 12	0℃	0%	3.78
实施例 13	20℃	0%	5.61

表 2

	温　度	乙醇浓度	溶胀度
实施例 1	0℃	10%	1.37
实施例 2	−1℃	10%	1.35
实施例 3	−2℃	10%	1.33
实施例 4	−3℃	10%	1.33
实施例 5	−4℃	10%	1.31
实施例 6	−5℃	10%	1.13
实施例 7	−6℃	10%	1.13
实施例 8	−7℃	10%	1.12
实施例 9	−8℃	10%	1.10
实施例 10	−9℃	10%	1.10
实施例 11	−10℃	10%	1.10

表3

	温 度	乙醇浓度	溶胀度
实施例1	0℃	15%	1.35
实施例2	−1℃	15%	1.34
实施例3	−2℃	15%	1.31
实施例4	−3℃	15%	1.25
实施例5	−4℃	15%	1.23
实施例6	−5℃	15%	1.10
实施例7	−6℃	15%	1.10
实施例8	−7℃	15%	1.07
实施例9	−8℃	15%	1.06
实施例10	−9℃	15%	1.06
实施例11	−10℃	15%	1.05

　　以下是在相同温度的环境下，将通过湿法制得的魔芋精粉与不同浓度的乙醇混合5分钟后，精粉粒子溶胀度（溶胀后与溶胀前质量之比）的对比试验表（见表4、表5、表6、表7）：

表4

	温 度	乙醇浓度	溶胀度
实施例1	0℃	5%	1.41
实施例2	0℃	6%	1.40
实施例3	0℃	7%	1.40
实施例4	0℃	8%	1.39
实施例5	0℃	9%	1.39
实施例6	0℃	10%	1.37
实施例7	0℃	11%	1.36
实施例8	0℃	12%	1.36
实施例9	0℃	13%	1.36
实施例10	0℃	14%	1.35
实施例11	0℃	15%	1.35

表 5

	温 度	乙醇浓度	溶胀度
实施例 1	−5℃	5％	1.16
实施例 2	−5℃	6％	1.16
实施例 3	−5℃	7％	1.15
实施例 4	−5℃	8％	1.14
实施例 5	−5℃	9％	1.13
实施例 6	−5℃	10％	1.13
实施例 7	−5℃	11％	1.13
实施例 8	−5℃	12％	1.12
实施例 9	−5℃	13％	1.12
实施例 10	−5℃	14％	1.11
实施例 11	−5℃	15％	1.10

表 6

	温 度	乙醇浓度	溶胀度
实施例 1	−6℃	5％	1.16
实施例 2	−6℃	6％	1.16
实施例 3	−6℃	7％	1.15
实施例 4	−6℃	8％	1.15
实施例 5	−6℃	9％	1.14
实施例 6	−6℃	10％	1.13
实施例 7	−6℃	11％	1.13
实施例 8	−6℃	12％	1.12
实施例 9	−6℃	13％	1.11
实施例 10	−6℃	14％	1.11
实施例 11	−6℃	15％	1.10

表 7

	温 度	乙醇浓度	溶胀度
实施例 1	−10℃	5％	1.13
实施例 2	−10℃	6％	1.12
实施例 3	−10℃	7％	1.12
实施例 4	−10℃	8％	1.11
实施例 5	−10℃	9％	1.11
实施例 6	−10℃	10％	1.10
实施例 7	−10℃	11％	1.10
实施例 8	−10℃	12％	1.09
实施例 9	−10℃	13％	1.08
实施例 10	−10℃	14％	1.07
实施例 11	−10℃	15％	1.05

从以上表中可以看出，在温度越低的环境中对魔芋进行粉碎、研磨与分离处理后，精粉粒子的溶胀度越低。但是，若要使所处的环境温度越低，则所需的成本就越高。因此，在保证精粉粒子不发生过度溶胀或形成溶胶的前提下，应最大限度地降低成本，即一般优选在温度为−5℃～−6℃的环境下对魔芋进行粉碎、研磨与分离处理；同时，所使用的乙醇浓度应优选为5％～10％，进一步的优选为10％。

为了进一步提高乙醇的阻溶效果，在将魔芋与乙醇混合的同时，加入一定量的氢氧化钠。加入的氢氧化钠量应以下述条件为准，即混合后的溶液中氢氧化钠浓度小于或等于1％，这样可以更加有效地避免精粉粒子发生过度溶胀或形成溶胶。作为优选的，所加入的氢氧化钠量应使混合后的溶液中其浓度达到0.5％为最佳。

另外，所述步骤C中，在对魔芋进行粉碎、研磨与分离处理之前，可以对魔芋进行预冷处理，这样能够进一步地避免精粉粒子发生过度溶胀或形成溶胶，以提高乙醇的阻溶效果。

三、权利要求书

（1）一种低乙醇浓度湿法加工魔芋精粉的方法。其特征在于包括以下步骤：
A. 将魔芋清洗去皮。
B. 将魔芋切分护色。

C. 在温度为−10℃～0℃的环境下对魔芋进行粉碎、研磨与分离处理。首先，将魔芋与浓度为 5%～15% 的乙醇混合后粉碎得到浆状物；然后，将浆状物进行固液分离得到魔芋粉；接着，将魔芋粉与浓度为 5%～15% 的乙醇混合后研磨得到固液混合物；最后，对固液混合物进行离心分离得到魔芋精粉。

D. 对得到的魔芋精粉进行干燥处理。

（2）如权利要求（1）所述的低乙醇浓度湿法加工魔芋精粉的方法。其特征在于：所述步骤 C 中，在温度为−5℃～−6℃的环境下对魔芋进行粉碎、研磨与分离处理。

（3）如权利要求（2）所述的低乙醇浓度湿法加工魔芋精粉的方法。其特征在于：所述步骤 C 中，所使用的乙醇浓度为 5%～10%。

（4）如权利要求（3）所述的低乙醇浓度湿法加工魔芋精粉的方法。其特征在于：所述步骤 C 中，所使用的乙醇浓度为 10%。

（5）根据权利要求（1）至（4）中任意一项权利要求所述的低乙醇浓度湿法加工魔芋精粉的方法。其特征在于：所述步骤 C 中，在将魔芋与乙醇混合的同时，加入一定量的氢氧化钠，并且要求混合溶液中的氢氧化钠浓度应小于或等于 1%。

（6）如权利要求（5）所述的低乙醇浓度湿法加工魔芋精粉的方法。其特征在于：所述步骤 C 中，在将魔芋与乙醇混合的同时，加入一定量的氢氧化钠，并且要求混合溶液中的氢氧化钠浓度应为 0.5%。

（7）如权利要求（6）所述的低乙醇浓度湿法加工魔芋精粉的方法。其特征在于：所述步骤 C 中，在对魔芋进行粉碎、研磨与分离处理之前，应对魔芋进行预冷处理。

第二节　一种非乙醇湿法加工魔芋精粉的方法

一、基本信息

专利类型	发明　　实用新型
申请（授权）号	201310323076.3
发明人	巩发永、肖诗明、李静、蔡光泽、杨世民、韩兵
申请人	西昌学院、会理县纵横实业有限公司、四川农业大学
申请日	2013 年 7 月 29 日
授权日	

专利类型	发明　　　实用新型
说明书摘要	本发明公开了一种能够有效降低加工成本的非乙醇湿法加工魔芋精粉的方法。该方法包括以下步骤：A. 将魔芋清洗去皮。B. 将魔芋切分护色。C. 在温度为−20℃～−10℃的环境下对魔芋进行粉碎、研磨与分离处理。首先，将魔芋与浓度为 20％～30％的氯化钠溶液混合后粉碎得到浆状物；然后，将浆状物进行固液分离得到魔芋粉；接着，将魔芋粉与浓度为 20％～30％的氯化钠溶液混合后研磨得到固液混合物，并进行离心分离得到魔芋精粉。D. 干燥处理。 该方法是在温度为−20℃～−10℃的环境下对魔芋进行粉碎、研磨与分离处理，在这种低温条件下只需使用浓度为 20％～30％的氯化钠溶液即可防止精粉粒子发生过度溶胀或形成溶胶，其加工成本大大降低，适合在食品加工领域推广应用。

二、说明书

（一）技术领域

本发明涉及食品加工领域，其具体是指一种非乙醇湿法加工魔芋精粉的方法。

（二）背景技术

魔芋又称蒟蒻、花秆莲、麻芋子、蛇头草、花秆天南星等，是天南星科魔芋属的多年生草本植物。魔芋是一种低热能、低蛋白质、低维生素和高膳食纤维的食品，其膳食纤维是目前发现的最优良的可溶性膳食纤维。此外，在通过物理方法加工获得的魔芋精粉中，其主要的有效成分是葡甘聚糖。近年来的研究证明，魔芋中所含的葡甘聚糖对降低糖尿病患者的血糖有较好的效果。因其分子量大，黏性高，能延缓葡萄糖的吸收，可有效地降低餐后血糖，从而减轻人体胰腺的负担。又因魔芋精粉吸水性强，含热量低，既能增加饱腹感，减轻饥饿感，又能降低体重，所以它也是体胖减肥者的理想食品。

所谓湿法加工魔芋精粉的方法，是指在加工精粉的过程中采用保护性溶剂浸渍保护加工，使精粉不膨化、不褐变，经粉碎、研磨、分离、干燥等工序而制取的方法。湿法加工采用的保护性溶液包括有机溶剂保护液和无机溶剂保护液。有机溶剂保护液主要指以食用乙醇作为控溶剂所配兑的保护液，无机溶剂保护液主要指以四硼酸钠（硼砂）为主所配兑的保护液。前者保护液成本较高，但精粉质量好，精粉产品用于医药、食品等行业；后者保护液成本低，但加工的精粉不能食用，仅能作为工业用精粉。

魔芋精粉湿法加工最忌精粉粒子过度溶胀或形成溶胶，过度溶胀或形成溶胶后，即使用乙醇脱水，再干燥，产品的溶解性也将大大下降。此外，精粉粒子过度溶胀还会造成葡甘聚糖的严重损失。因此，在现有的湿法加工魔芋精粉的工艺中，所使用的乙醇浓度通常都不低于30％，才能保证精粉粒子不发生过度溶胀或形成溶胶。但由于高浓度的乙醇价格昂贵，这也造成了湿法加工魔芋精粉的加工成本较高。

（三）发明内容

本发明所要解决的技术问题是，提供一种能够有效降低加工成本的非乙醇湿法加工魔芋精粉的方法。该方法包括以下步骤：

A. 将魔芋清洗去皮。

B. 将魔芋切分护色。

C. 在温度为−20℃～−10℃的环境下对魔芋进行粉碎、研磨与分离处理。首先，将魔芋与浓度为20％～30％的氯化钠溶液混合后粉碎得到浆状物；然后，将浆状物进行固液分离得到魔芋粉；接着，将魔芋粉与浓度为20％～30％的氯化钠溶液混合后研磨得到固液混合物；最后，对固液混合物进行离心分离得到魔芋精粉。

D. 对得到的魔芋精粉进行干燥处理。

进一步的是，所述步骤C中，在温度为−20℃的环境下对魔芋进行粉碎、研磨与分离处理。

进一步的是，所述步骤C中，所使用的氯化钠溶液浓度为25％～30％。

进一步的是，所述步骤C中，所使用的氯化钠溶液浓度为25％。

进一步的是，所述步骤C中，在将魔芋与20％～30％的氯化钠溶液混合的同时，加入一定量的氢氧化钠，并且要求混合溶液中的氢氧化钠浓度应小于或等于1％。

进一步的是，所述步骤C中，在将魔芋与20％～30％的氯化钠溶液混合的同时，加入一定量的氢氧化钠，并且要求混合溶液中的氢氧化钠浓度应为0.5％。

进一步的是，所述步骤C中，在对魔芋进行粉碎、研磨与分离处理之前，应对魔芋进行预冷处理。

本发明的有益效果：该非乙醇湿法加工魔芋精粉的方法是在温度为−20℃～−10℃的环境下对魔芋进行粉碎、研磨与分离处理的。在这种低温条件下，只需使用浓度为20％～30％的氯化钠溶液即可防止精粉粒子发生过度溶胀或形成溶胶，产品的溶解性也不会降低。由于氯化钠溶液的成本较低，相比于现有技术中使用的浓度不低于30％的乙醇而言，其加工成本大大降低。

（四）具体实施方式

在现有的魔芋精粉湿法加工方法中，对魔芋进行粉碎、研磨与分离处理的过程都是在常温下进行的。在这种工艺条件下，所使用的乙醇浓度通常都不低于30％，这样才能保证精粉粒子不发生过度溶胀或形成溶胶，才能保证产品的溶解性。但是，这种方式由于所使用的乙醇浓度过高，导致其加工成本也高。本发明通过对现有的工艺进行深入研究后发现，当魔芋处在温度较低的环境中，魔芋精粉粒子发生过度溶胀或形成溶胶的几率大大降低，这时只需使用浓度大于 20％的氯化钠溶液即可达到与现有湿法工艺相同的效果。为实现上述目的，本发明采用非乙醇湿法加工魔芋精粉的方法。该方法包括以下步骤：

A. 魔芋清洗去皮。在手工去除魔芋球茎的顶芽和根后，放入清洗机内清洗，并去掉外皮。

B. 魔芋切分护色。先用切块机将去皮后的魔芋切成块，再用有效二氧化硫浓度为 25～100mg/L 的亚硫酸盐溶液进行护色处理。

C. 在温度为 −20℃～−10℃ 的环境下对魔芋进行粉碎、研磨与分离处理。首先，将魔芋与浓度为 20％～30％ 的氯化钠溶液混合后粉碎得到浆状物；然后，将浆状物进行固液分离得到魔芋粉；接着，将魔芋粉与浓度为 20％～30％ 的氯化钠溶液混合后研磨得到固液混合物；最后，对固液混合物进行离心分离得到魔芋精粉。

D. 对得到的魔芋精粉进行干燥处理。

该非乙醇湿法加工魔芋精粉的方法是在温度为 −20℃～−10℃ 的环境下对魔芋进行粉碎、研磨与分离处理的。在这种低温条件下，只需使用浓度为 20％～30％ 的氯化钠溶液即可防止精粉粒子发生过度溶胀或形成溶胶，产品的溶解性也不会降低。由于氯化钠溶液的成本较低，相比于现有技术中使用的浓度不低于30％ 的乙醇而言，其加工成本大大降低。

以下是在不同温度的环境下，将通过湿法制得的魔芋精粉与同一浓度的氯化钠溶液混合 3 分钟后，精粉粒子溶胀度（溶胀后与溶胀前质量之比）的对比试验表（见表 1、表 2、表 3）：

表 1

	温　　度	氯化钠溶液浓度	溶胀度
实施例 1	−10℃	20％	2.12
实施例 2	−11℃	20％	2.07
实施例 3	−12℃	20％	2.04
实施例 4	−13℃	20％	2.01
实施例 5	−14℃	20％	1.76
实施例 6	−15℃	20％	1.74
实施例 7	−16℃	20％	1.74
实施例 8	−17℃	20％	1.73

	温　度	氯化钠溶液浓度	溶胀度
实施例9	−18℃	20%	1.73
实施例10	−19℃	20%	1.70
实施例11	−20℃	20%	1.70
实施例12	0℃	0%	3.78
实施例13	20℃	0%	5.61

表2

	温　度	氯化钠溶液浓度	溶胀度
实施例1	−10℃	25%	2.06
实施例2	−11℃	25%	2.03
实施例3	−12℃	25%	2.00
实施例4	−13℃	25%	2.00
实施例5	−14℃	25%	1.97
实施例6	−15℃	25%	1.70
实施例7	−16℃	25%	1.70
实施例8	−17℃	25%	1.68
实施例9	−18℃	25%	1.65
实施例10	−19℃	25%	1.65
实施例11	−20℃	25%	1.65

表3

	温　度	氯化钠溶液浓度	溶胀度
实施例1	−10℃	30%	2.03
实施例2	−11℃	30%	2.01
实施例3	−12℃	30%	1.97
实施例4	−13℃	30%	1.88
实施例5	−14℃	30%	1.85
实施例6	−15℃	30%	1.65
实施例7	−16℃	30%	1.65

	温　度	氯化钠溶液浓度	溶胀度
实施例 8	−17℃	30%	1.61
实施例 9	−18℃	30%	1.59
实施例 10	−19℃	30%	1.59
实施例 11	−20℃	30%	1.58

　　以下是在相同温度的环境下，将通过湿法制得的魔芋精粉与不同浓度的氯化钠溶液混合5分钟后，精粉粒子溶胀度（溶胀后与溶胀前质量之比）的对比试验表（见表4、表5、表6）：

表 4

	温　度	氯化钠溶液浓度	溶胀度
实施例 1	−10℃	20%	2.12
实施例 2	−10℃	21%	2.10
实施例 3	−10℃	22%	2.10
实施例 4	−10℃	23%	2.09
实施例 5	−10℃	24%	2.09
实施例 6	−10℃	25%	2.06
实施例 7	−10℃	26%	2.04
实施例 8	−10℃	27%	2.04
实施例 9	−10℃	28%	2.04
实施例 10	−10℃	29%	2.03
实施例 11	−10℃	30%	2.03

表 5

	温　度	氯化钠溶液浓度	溶胀度
实施例 1	−15℃	20%	1.74
实施例 2	−15℃	21%	1.74
实施例 3	−15℃	22%	1.73
实施例 4	−15℃	23%	1.71
实施例 5	−15℃	24%	1.70

续表5

	温　度	氯化钠溶液浓度	溶胀度
实施例6	−15℃	25%	1.70
实施例7	−15℃	26%	1.70
实施例8	−15℃	27%	1.68
实施例9	−15℃	28%	1.68
实施例10	−15℃	29%	1.67
实施例11	−15℃	30%	1.65

表6

	温　度	氯化钠溶液浓度	溶胀度
实施例1	−20℃	20%	1.70
实施例2	−20℃	21%	1.68
实施例3	−20℃	22%	1.68
实施例4	−20℃	23%	1.67
实施例5	−20℃	24%	1.67
实施例6	−20℃	25%	1.65
实施例7	−20℃	26%	1.65
实施例8	−20℃	27%	1.64
实施例9	−20℃	28%	1.62
实施例10	−20℃	29%	1.61
实施例11	−20℃	30%	1.58

从上述表中可以看出，在温度越低的环境中对魔芋进行粉碎、研磨与分离处理后，精粉粒子的溶胀度越低。因此，为了保证精粉粒子不发生过度溶胀或形成溶胶，一般优选在温度为−20℃的环境下对魔芋进行粉碎、研磨与分离处理；同时，所使用的氯化钠溶液浓度应优选为25%～30%。为了控制成本，进一步的优选应为25%。

为了进一步提高氯化钠溶液的阻溶效果，在将魔芋与20%～30%的氯化钠溶液混合的同时，应加入一定量的氢氧化钠。加入的氢氧化钠量应以下述条件为准，即混合后的溶液中氢氧化钠浓度小于或等于1%，这样可以更加有效地避免精粉粒子发生过度溶胀或形成溶胶。作为优选的，所加入的氢氧化钠量应使混合后的溶液中其浓度达到 0.5％为最佳。

另外，所述步骤 C 中，在对魔芋进行粉碎、研磨与分离处理之前，可以对魔芋进行预冷处理，这样能够进一步地避免精粉粒子发生过度溶胀或形成溶胶，以提高氯化钠溶液的阻溶效果。

三、权利要求书

（1）一种非乙醇湿法加工魔芋精粉的方法。其特征在于包括以下步骤：

A. 将魔芋清洗去皮。

B. 将魔芋切分护色。

C. 在温度为－20℃～－10℃的环境下对魔芋进行粉碎、研磨与分离处理。首先，将魔芋与浓度为 20％～30％的氯化钠溶液混合后粉碎得到浆状物；然后，将浆状物进行固液分离得到魔芋粉；接着，将魔芋粉与浓度为 20％～30％的氯化钠溶液混合后研磨得到固液混合物；最后，对固液混合物进行离心分离得到魔芋精粉。

D. 对得到的魔芋精粉进行干燥处理。

（2）如权利要求（1）所述的非乙醇湿法加工魔芋精粉的方法。其特征在于：所述步骤 C 中，在温度为－20℃的环境下对魔芋进行粉碎、研磨与分离处理。

（3）如权利要求（2）所述的非乙醇湿法加工魔芋精粉的方法。其特征在于：所述步骤 C 中，所使用的氯化钠溶液浓度为 25％～30％。

（4）如权利要求（3）所述的非乙醇湿法加工魔芋精粉的方法。其特征在于：所述步骤 C 中，所使用的氯化钠溶液浓度为 25％。

（5）根据权利要求（1）至（4）中任意一项权利要求所述的非乙醇湿法加工魔芋精粉的方法。其特征在于：所述步骤 C 中，在将魔芋与 20％～30％的氯化钠溶液混合的同时，加入一定量的氢氧化钠，并且要求混合溶液中的氢氧化钠浓度应小于或等于 1％。

（6）如权利要求（5）所述的非乙醇湿法加工魔芋精粉的方法。其特征在于：所述步骤 C 中，在将魔芋与 20％～30％的氯化钠溶液混合的同时，加入一定量的氢氧化钠，并且要求混合溶液中的氢氧化钠浓度应为 0.5％。

（7）如权利要求（6）所述的非乙醇湿法加工魔芋精粉的方法。其特征在于：所述步骤 C 中，在对魔芋进行粉碎、研磨与分离处理之前，应对魔芋进行预冷处理。

第三节 一种魔芋精粉的加工方法

一、基本信息

专利类型	发明　　实用新型
申请（授权）号	200710138967
发明人	巩发永、李静、张忠
申请人	西昌学院
申请日	2007 年 7 月 21 日
授权日	2012 年 9 月 5 日
说明书摘要	本发明提供了一种采用微波真空干燥、惰性气体保护、微波加热钝化酶活性和干湿法相结合加工魔芋精粉的工艺。其加工工序为：魔芋→切分→护色→微波真空干燥→停止抽真空，密闭容器中通入惰性气体→微波加热→保温→停止微波加热，抽真空快速冷却→粉碎→过滤分离→洗涤→干燥→产品。本发明充分利用了微波及真空干燥的优点，在缺氧、非高温状态下快速均匀地对魔芋进行预干燥，可以使后续湿法加工时乙醇用量成倍降低；采用惰性气体保护，微波加热迅速钝化魔芋中多酚酶活性的措施，避免了后续加工中酶促褐变的发生。按照此工艺加工魔芋，可以制得低硫或无硫的高黏魔芋精粉，同时可以大幅度降低加工成本。

二、说明书

（一）技术领域

本发明涉及一种食品原料的加工方法，其具体是指一种采用微波真空干燥、惰性气体保护、微波加热钝化酶活性和干湿法相结合加工魔芋精粉的工艺。

（二）技术背景

魔芋又称蒟蒻、花秆莲、麻芋子、蛇头草、花秆天南星等，是天南星科魔芋属的多年生草本植物。魔芋是一种低热能、低蛋白质、低维生素和高膳食纤维的食品，其膳食纤维是目前发现的最优良的可溶性膳食纤维。此外，在通过物理方法加工获得的魔芋精粉中，其主要的有效成分是葡甘聚糖。近年来的研究证明，魔芋中所含的葡甘聚糖对降低糖尿病患者的血糖有较好的效果。因其分子量大，黏性高，能延缓葡萄糖的吸收，可有效地降低餐后血糖，从而减轻人体胰腺的负担。又因魔芋精粉吸水性强，含热量低，既能增加饱腹感，减轻饥饿感，又能降低体重，所以它也是体胖减肥者的理想食品。

（三）加工技术

我国的魔芋精粉加工技术，大体上可分为干法加工技术和湿法加工技术两大类。

1. 干法加工技术

（1）鲜魔芋球茎加工干魔芋片（角）技术。工艺流程：选料→清洗→表面干燥→去皮、根芋→切片（角）→护色→干燥→检验→包装。

（2）干魔芋片（角）加工精粉技术。工艺流程：分选→粉碎研磨→分离→筛分→检验→成品包装。

（3）特点。干法加工成本低，但所加工的精粉中葡甘聚糖含量低、黏度低，存在异味和杂质，特别是硫含量容易超标，严重影响到魔芋精粉的多种用途和经济价值。

2. 湿法加工技术

（1）有机溶剂（指食用乙醇）保护加工精粉技术。工艺流程：选料→清洗→表面干燥→去根、芽、粉碎（同时加入乙醇、护色剂）→研磨→过滤分离→洗涤→脱水→干燥→回收乙醇→筛分→检验→包装。

（2）无机溶剂保护加工精粉技术。工艺流程：选料→清洗→表面干燥→去皮、根、芽→粉碎（同时加入无机溶剂、护色剂）→研磨→过滤分离→洗涤→脱水→干燥→筛分→检验→包装。

（3）特点。有机法在加工过程中采用食用乙醇作为保护剂，虽然设备投资相对较大，加工工艺较复杂，管理技术及水平要求较高，加工产品的成本也相对较高，但精粉质量优，色泽洁白，各项指标均好。无机法在加工过程中采用无机溶剂作为保护剂，虽然加工成本低，设备投资小，加工工艺简单，管理技术及水平要求也较低，但产品质量差于有机法加工的产品质量，并且由于膨化时间较长，有害物残留量容易超标，在外贸出口上受到一定的影响。

（四）发明内容

为了降低魔芋精粉的硫含量和加工成本，同时提高其质量，本发明提供了一种采用微波真空干燥预干燥、惰性气体保护、微波加热钝化酶活性和干湿法相结合加工魔芋精粉的工艺。

1. 具体加工工序

（1）魔芋——清洗干净后去皮的魔芋。

（2）切分——根据微波真空干燥机的功率大小将魔芋按不同厚度切分。

（3）护色——用具有防止魔芋发生褐变作用的试剂对切分后的魔芋进行浸泡。

（4）微波真空干燥——处理后的魔芋置于密闭容器中，在抽真空的条件下，采用微波加热的方式对魔芋进行干燥，使其含水量有明显下降。

（5）停止抽真空，在密闭容器中通入惰性气体。

（6）微波加热。

（7）保温。

（8）停止微波加热，抽真空快速冷却。

（9）粉碎——在魔芋与一定浓度的乙醇混合的条件下，采用粉碎机粉碎。

（10）过滤分离——将粉碎后的固液混合体分离。

（11）洗涤——用一定浓度的乙醇与过滤分离后的固体混合粉碎，再分离固液体。

（12）干燥。

（13）产品。

2. 技术方案具有的优越性

与我国现行的魔芋精粉加工技术相比，本发明提供的技术方案具有下列优越性：

（1）加热速度快、干燥效率高、干燥质量高。微波加热是一种辐射加热，是微波与物料直接发生作用，使其里外同时被加热，无须通过对流或传导来传递热量。所以，采用微波加热具有加热速度快、干燥效率高、干燥质量高的优点。

（2）真空状态下干燥，温度可控，可以避免魔芋中葡甘聚糖的"糊化"。由于魔芋和魔芋精粉中水分去除较困难，采用现行的魔芋精粉加工技术对魔芋或魔芋精粉干燥时，都要经过长时间的 100℃ 高温处理，而当干燥温度 >85℃，并持续一段时间后，葡甘聚糖表面会产生结壳、变色、变质，这称之为"糊化"。葡甘聚糖糊化后，其膨胀系数、黏度等均会大大降低。而在真空状态下干燥，水的沸点会显著降低，如在 0.073 大气压（7.37 kPa）下，水的沸点只有 40℃。

（3）真空状态下干燥，可以避免魔芋发生褐变。现有的研究表明，魔芋的褐变主要发生在加工前期的酶促褐变而引起，而发生酶促褐变的条件是多酚类物质、多酚氧化酶和氧气三者同时存在，缺一不可。由于真空状态下干燥，去除了氧气，因而可以非常有效地避免魔芋发生褐变。例如，一种魔芋微波杀酶干燥的加工方法（专利号：02113421.9，专利名称：魔芋微波杀酶干燥的加工方法），其特征在于：取鲜魔芋洗净、去皮、切片后，用频率为 915～2450 MHz 微波将鲜魔芋片杀酶 3～5 分钟，然后烘干，再转入魔芋精粉机内进行粉碎、研磨、分离，即得无硫魔芋精粉。笔者的实验表明，若按照此方法加工魔芋，即使褐变不明显的魔芋，在加工过程中也会大面积的褐变，其主要原因就是未考虑氧气对褐变反应的影响。

（4）采用先微波真空干燥、后湿法加工的顺序能明显降低乙醇用量。例如，干燥至原先质量的 50%，可减少至少一倍的乙醇用量；同时，由于采用了微波加热的方式，加热均匀，不会产生表面结壳的现象，因而为快速粉碎提供了条件。

（5）采用惰性气体保护、微波加热来迅速钝化魔芋中多酚酶活性的措施，可避免后续加工中酶促褐变的发生，从而提高魔芋精粉的质量。

（6）整个加工过程中，魔芋褐变能力弱，因此可以不用护色，或使用无硫护色试剂或低浓度的亚硫酸盐护色，而制得无硫或低硫的魔芋精粉。

归纳以上优点可以得出，本发明是一种既能降低能耗、提高加工效率，又能低成本制得低硫或无硫的高黏度魔芋精粉的加工方法。

（五）具体实施方式

1. 实施例一

（1）新鲜花魔芋清洗干净后去皮。

（2）取去皮花魔芋 200 g 切成 1 cm×1 cm×1 cm 左右大小。

（3）切分后的花魔芋用 0.1 g/L 的柠檬酸溶液浸泡一下。

（4）处理后的花魔芋置于密闭容器中，在抽真空的条件下，采用功率为 500 W 的微波对其进行加热干燥 15 分钟。

（5）停止抽真空，密闭容器中通入 1 个大气压的氮气。

（6）采用功率为 500 W 的微波加热 1 分钟。

（7）控制微波加热功率为 100 W，保温 1 分钟。

（8）停止微波加热，抽真空快速冷却。

（9）取干燥后的花魔芋与 30% 的乙醇以质量比为 1∶2 的比例混合，采用粉碎机粉碎。

（10）将粉碎后的固液混合体分离。

（11）再用 30% 的乙醇与所分离的固体以质量比为 1∶1 的比例混合粉碎，再分离固液体。

（12）所得的魔芋精粉置于鼓风干燥箱中，在 60℃ 温度下干燥 24 小时。

（13）产品。

2. 实施例二

（1）新鲜白魔芋清洗干净后去皮。

（2）去皮白魔芋 200 g 切成 1 cm×1 cm×1 cm 左右大小。

（3）切分后的白魔芋置于密闭容器中，在抽真空的条件下，采用功率为 500 W 的微波对其进行加热干燥 15 分钟。

（4）停止抽真空，密闭容器中通入 1 个大气压的氩气。

（5）采用功率为 500 W 的微波加热 1 分钟。

（6）控制微波加热功率为 100 W，保温 1 分钟。

（7）停止微波加热，抽真空快速冷却。

（8）取干燥后的白魔芋与 30% 的乙醇以质量比为 1∶2 的比例混合，采用粉碎机粉碎。

（9）将粉碎后的固液混合体分离。

（10）所得的魔芋精粉置于鼓风干燥箱中，在 60℃温度下干燥 24 小时。

（11）产品。

三、权利要求书

（1）一种魔芋精粉的加工方法，具体加工工序如下：

①魔芋——清洗干净后去皮的魔芋；

②切分——根据微波真空干燥机的功率大小将魔芋按不同厚度切分；

③护色——用具有防止魔芋发生褐变作用的试剂对切分后的魔芋浸泡；

④微波真空干燥——处理后的魔芋置于密闭容器中，在抽真空的条件下，采用微波加热的方式对魔芋进行干燥，使其含水量有明显下降；

⑤停止抽真空，密闭容器中通入惰性气体；

⑥微波加热；

⑦保温；

⑧停止微波加热，抽真空快速冷却；

⑨粉碎——在魔芋与一定浓度的乙醇混合的条件下，采用粉碎机粉碎；

⑩过滤分离——将粉碎后的固液混合体分离；

⑪洗涤——用一定浓度的乙醇与过滤分离后的固体混合粉碎，再分离固液体；

⑫干燥；

⑬产品。

（2）根据权利要求（1）所述的魔芋精粉的加工方法。其特征在于：工序③具体指，白魔芋或不易发生褐变的其他种类魔芋可省去此工序；褐变不严重的魔芋可以用 NaCl、柠檬酸、抗坏血酸曲酸、植酸、壳聚糖、4－己基间苯二酚、聚磷酸盐、偏磷酸盐、聚乙烯吡咯烷酮、环庚三烯酚酮等试剂配成允许使用的浓度范围内的溶液进行护色处理；而对褐变严重的魔芋可以用亚硫酸盐、硫氢化物（如谷胱甘肽）、含硫氨基酸（如半胱氨酸、胱氨酸、蛋氨酸等各种络合剂）、含巯基蛋白酶（如无花果蛋白酶、木瓜蛋白酶、菠萝蛋白酶等）等试剂配成的溶液进行护色处理。其中，前两种方式可以制得无硫魔芋精粉，第三种方式可以制得低硫魔芋精粉。

（3）根据权利要求（1）所述的魔芋精粉的加工方法。其特征在于：工序④中，密闭容器为可抽真空的密闭容器，由基本上不吸收或很少吸收微波能的材料制成，如聚四氟乙烯、聚丙烯、聚乙烯、聚砜等塑料制品，或玻璃、陶瓷等；工序④中，干燥温度 $<85℃$；工序④中，含水量有明显下降是指魔芋含水量 $<70\%$。

（4）根据权利要求（1）所述的魔芋精粉的加工方法。其特征在于：工序⑤中，在所述的停止抽真空密闭容器中通入的惰性气体是指不与加工材料或不易与加工材料发生反应的气体，如氮气、氩气、二氧化碳等。

（5）根据权利要求(1)所述的一种抑酶杀菌的方法。其特征在于：工序⑦中，保温温度和保温时间应视不同魔芋种类多酚酶耐热程度而定。

（6）根据权利要求(1)所述的魔芋精粉的加工方法。其特征在于：工序⑧对葡甘聚糖含量要求不高的魔芋精粉来说，可以省去此工序。

第四节　一种抑酶杀菌的方法

一、基本信息

专利类型	发明　　实用新型	
申请（授权）号	200710138968	
发明人	巩发永、李静、肖诗明、蔡光泽	
申请人	西昌学院	
申请日	2007 年 7 月 21 日	
授权日		
说明书摘要	本发明提供了一种抑酶杀菌的方法。其特征在于：材料置于密闭容器中抽真空→微波真空干燥→停止抽真空，密闭容器中通入惰性气体→微波加热→停止微波加热，抽真空快速冷却。本发明充分利用了微波加热快速、均匀、易控和惰性气体的保护作用以及抽真空快速冷却的特点，能达到良好的抑酶杀菌效果。	

二、说明书

（一）技术领域

本发明涉及一种抑酶杀菌的方法，其具体是指一种采用微波加热、惰性气体保护以及抽真空快速冷却相结合抑酶杀菌的方法。

（二）技术背景

目前抑制酶活性的方法主要有加热钝化酶活性、驱氧、螯合酶促作用的金属离子、调节 pH 值、加酶活性抑制剂（二氧化硫、亚硫酸盐、无机盐、抗坏血酸等）。杀菌方法主要有紫外灯、蒸气、高压、钴 60、臭氧、充氮、添防腐剂等。

上述方法在加热时间、成本、安全、效果等方面都存在一项或几项的缺陷。

（三）发明内容

为克服上述缺陷，本发明的技术方案提供了一种抑酶杀菌的方法。

本发明充分利用了微波加热快速、均匀、易控和惰性气体的保护作用以及抽真空快速冷却的特点。

1．具体操作步骤

（1）材料置于密闭容器中抽真空。

（2）微波真空干燥。

（3）停止抽真空，密闭容器中通入惰性气体。

（4）微波加热。

（5）保温。

（6）停止微波加热，抽真空快速冷却。

2．技术方案具有的优点

与现行的抑酶杀菌技术相比，本发明提供的技术方案具有下列优点：

（1）采用微波加热，具有升温快速、均匀、易控的特点。

（2）惰性气体保护下升温，可以防止酶促褐变和有氧参与的非酶促褐变的发生，从而起到良好的护色效果。

（3）采用抽真空的方式对材料冷却，具有降温迅速的特点。

（4）整个处理过程不添加任何成分。

归纳以上优点可以看出本发明具有安全可靠、抑酶杀菌彻底、护色效果良好的特点。

（四）具体实施方式

1．实施例一

（1）取去皮花魔芋 100 g，切成 1 cm×1 cm×1 cm 左右大小，置于密闭容器中，采用水循环真空泵抽真空。

（2）停止抽真空后，密闭容器中通入压强为 1 个大气压的氮气。

（3）采用功率为 500 W 的微波加热 3 分钟。

（4）控制微波加热功率为 100 W，保温 1 分钟。

（5）停止微波加热，采用水循环真空泵抽真空快速冷却。

2．实施例二

（1）取去皮白魔芋 100 g，切成 1 cm×1 cm×1 cm 左右大小，置于密闭容器中抽真空。

（2）抽真空，微波加热干燥 3 分钟。

（3）停止抽真空后，密闭容器中通入压强为 1 个大气压的氮气。

（4）采用功率为 500 W 的微波加热 1 分钟。

（5）控制微波加热功率为 100 W，保温 1 分钟。

（6）停止微波加热，采用水循环真空泵抽真空快速冷却。

3．实施例三

（1）取去皮板栗 100 g，置于密闭容器中，采用水循环真空泵抽真空。

（2）停止抽真空后，密闭容器中通入压强为 1 个大气压的氩气。

（3）采用功率为 500 W 的微波加热 3 分钟。

（4）控制微波加热功率为 100 W，保温 30 秒。

（5）停止微波加热，采用水循环真空泵抽真空快速冷却。

4. 实施例四

（1）取香菇细粉 200 g，置于密闭容器中，采用水循环真空泵抽真空。

（2）停止抽真空后，密闭容器中通入压强为 1 个大气压的二氧化碳气体。

（3）采用功率为 500 W 的微波加热 2 分钟。

（4）控制微波加热功率为 100 W，保温 30 秒。

（5）停止微波加热，采用水循环真空泵抽真空快速冷却。

本发明的关键是，被处理的物料在惰性气体的保护下，采用微波加热后，再抽真空快速冷却。

三、权利要求书

（1）一种抑酶杀菌的方法，具体步骤如下：

①材料置于密闭容器中抽真空；

②微波真空干燥；

③停止抽真空，密闭容器中通入惰性气体；

④微波加热；

⑤保温；

⑥停止微波加热，抽真空快速冷却。

（2）根据权利要求（1）所述的一种抑酶杀菌的方法。其特征在于：工序①中，密闭容器为可抽真空的密闭容器，由基本上不吸收或很少吸收微波能的材料制成，如聚四氟乙烯、聚丙烯、聚乙烯、聚砜等塑料制品，或玻璃、陶瓷等。

（3）根据权利要求（1）所述的一种抑酶杀菌的方法。其特征在于：工序②（微波真空干燥）应视材料含水量、特性及加工要求具体选择。相同的质量条件下，含水量大，后续工序微波加热升温和抽真空降温的速度变慢；含水量小，后续工序微波加热升温和抽真空降温的速度变快。

（4）根据权利要求（1）所述的一种抑酶杀菌的方法。其特征在于：工序③中，在所述的停止抽真空密闭容器中通入的惰性气体是指不与加工材料或不易与加工材料发生反应的气体，如氮气、氩气、二氧化碳等。通入惰性气体的气压应视抑酶杀菌所要求的温度而定。

（5）根据权利要求（1）所述的一种抑酶杀菌的方法。其特征在于：工序⑤中，保温温度和保温时间应视抑酶杀菌所需要的温度和时间而定。

第五节 基于惰性气体保护的干燥杀菌装置

一、基本信息

专利类型	发明　　实用新型
申请（授权）号	201320615311．X
发明人	巩发永、张忠、李静、曲继鹏、坤燕昌
申请人	西昌学院
申请日	2013 年 10 月 8 日
授权日	
说明书摘要	本发明公开了一种能够进一步提高抑酶杀菌效率的基于惰性气体保护的干燥杀菌装置。基于惰性气体保护的该干燥杀菌装置包括加热装置、真空泵以及装有惰性气体的气瓶。其中，所述加热装置内设置有密闭容器，密闭容器与真空泵通过真空管连通；所述密闭容器与气瓶通过气管连通；所述真空管、气管上均设置有截止阀；所述密闭容器的内腔为锥形，密闭容器的内腔直径从上到下逐渐变小，并且所述气管出气口延伸至密闭容器的内腔底部。在将气瓶中惰性气体充入密闭容器内时，惰性气体可以从密闭容器的内腔底部快速地向内腔的上部扩散，从而缩短密闭容器内充满惰性气体的时间，进一步提高了抑酶杀菌的效率。本干燥杀菌装置适合在化工设备领域推广运用。

二、说明书

（一）技术领域

本发明涉及化工设备领域，其具体是指一种基于惰性气体保护的干燥杀菌装置。

（二）背景技术

在化工原料加工领域中，通常需要对一些原材料进行抑酶杀菌处理。目前，抑制酶活性的方法主要有以下几种：加热钝化酶活性、驱氧、螯合酶促作用的金属离子、调节 pH 值、加酶活性抑制剂（一般所使用的酶活性抑制剂主要有二氧化硫、亚硫酸盐、无机盐、抗坏血酸等）。对于原材料的杀菌处理主要采用以下几种方法：采用紫外灯照射、利用蒸气进行熏蒸、将原材料进行高压处理、添加防腐剂等。

例如，一种抑酶杀菌装置（专利号：201220524698.3，专利名称：抑酶杀菌装置）。该抑酶杀菌装置对原材料进行抑酶杀菌处理的具体步骤是：首先，将需要处理的原材料放入密闭容器内；然后，利用真空泵将密闭容器抽成真空，再将气瓶中的惰性气体充入密闭容器内；接着，利用加热装置对密闭容器内的原材料进行加热，并加热到规定的时间；最后，利用真空泵将密闭容器抽成真空进行冷却。由于原材料是在惰性气体的保护下被加热升温的，因而可以大大提高抑酶杀菌的效果，同时还可以有效防止酶促褐变和有氧参与的非酶促褐变的发生，起到良好的护色效果，保证原材料不变色；再者，加热结束后利用真空泵将密闭容器抽成真空进行冷却可以达到迅速降温的效果，从而缩短抑酶杀菌处理所需的时间，提高抑酶杀菌的效率。虽然，该抑酶杀菌装置可以缩短抑酶杀菌处理所需的时间，提高抑酶杀菌的效率，但是，由于其密闭容器的内腔形状大都是方形的，不利于气体的流动，这就使得密闭容器内充满惰性气体的时间较长，而且气管的出气口通常位于密闭容器的内腔顶部，进一步延长了密闭容器内充满惰性气体的时间，使得抑酶杀菌处理所需的时间不能达到最优，进而抑酶杀菌的效率也不能达到最优。

（三）发明内容

本发明所要解决的技术问题是，提供一种能够进一步提高抑酶杀菌效率的基于惰性气体保护的干燥杀菌装置。该干燥杀菌装置包括加热装置、真空泵以及装有惰性气体的气瓶。其中，所述加热装置内设置有密闭容器，密闭容器与真空泵通过真空管连通；所述密闭容器与气瓶通过气管连通；所述真空管、气管上均设置有截止阀；所述密闭容器的内腔为锥形，密闭容器的内腔直径从上到下逐渐变小，并且气管的出气口延伸至密闭容器的内腔底部。

进一步的是，所述真空管的进气口位于密闭容器的内腔上部。

进一步的是，所述密闭容器内设置有真空计，并在密闭容器外设置有显示设备，真空计与显示设备信号连接。

进一步的是，所述密闭容器内设置有温度传感器，温度传感器与显示设备信号连接。

进一步的是，所述显示设备为 LED 显示屏。

进一步的是，所述加热装置为微波炉。

进一步的是，所述真空管、气管为软管。

本发明的有益效果是：该干燥杀菌装置的密闭容器的内腔被设计成锥形，密闭容器的内腔直径从上到下逐渐变小，并且所述气管的出气口延伸至密闭容器的内腔底部。在将气瓶中的惰性气体充入密闭容器内时，由于气管的出气口延伸至密闭容器的内腔底部，因而惰性气体从密闭容器的内腔底部向上扩散；同时，由于密闭容器的内腔为上大下小的锥形，因而内腔底部的惰性气体可以快速地向内腔上部扩散，从而缩短密闭容器内充满惰性气体的时间，进一步提高了抑酶杀菌的效率。

附图说明：

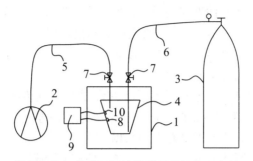

惰性气体保护的干燥杀菌装置的结构示意图

1—加热装置 2—真空泵 3—气瓶 4—密闭容器 5—真空管
6—气管 7—截止阀 8—真空计 9—显示设备 10—温度传感器

（四）具体实施方式

下面结合附图对基于惰性气体保护的干燥杀菌装置作进一步说明。

如图所示，该干燥杀菌装置包括加热装置1、真空泵2以及装有惰性气体的气瓶3。其中，所述加热装置1内设置有密闭容器4，密闭容器4与真空泵2通过真空管5连通；所述密闭容器4与气瓶3通过气管6连通；所述真空管5、气管6上均设置有截止阀7；所述密闭容器4的内腔为锥形，密闭容器4的内腔直径从上到下逐渐变小，并且气管6的出气口延伸至密闭容器4的内腔底部。使用该干燥杀菌装置对原材料进行抑酶杀菌处理的具体步骤是：首先，将需要处理的原材料放入密闭容器4内；然后，利用真空泵2将密闭容器4抽成真空，并将气瓶3中的惰性气体充入密闭容器4内；接着，利用加热装置1对密闭容器4内的原材料进行加热，并加热至规定的时间；最后，利用真空泵2将密闭容器4抽成真空进行冷却。该干燥杀菌装置的密闭容器4的内腔为锥形，密闭容器4的内腔直径从上到下逐渐变小，并且所述气管6的出气口延伸至密闭容器4的内腔底部。在将气瓶3中的惰性气体充入密闭容器4内时，因气管6的出气口延伸至密闭容器4的内腔底部，所以惰性气体从密闭容器4的内腔底部向上扩散；同时，因密闭容器4的内腔为上大下小的锥形，所以内腔底部的惰性气体可以快速地向内腔上部扩散，从而缩短密闭容器4内充满惰性气体的时间，进一步提高了抑酶杀菌的效率。

在上述实施方式中，为了缩短真空泵2抽真空的时间，所述真空管5的进气口位于密闭容器4的内腔上部。由于气体受热后都集中在密闭容器4的内腔上部，因而将真空管5的进气口设置在密闭容器4的内腔上部可以缩短抽真空的时间。

在抽真空的时候，为了尽量将密闭容器4内的气体抽出，真空泵2的工作时

间会远远大于理论上的时间，这样不但影响抑酶杀菌处理的效率，同时也造成能源的浪费。为了准确掌握抽真空的时间，所述密闭容器 4 内设置有真空计 8，并在密闭容器 4 外设置有显示设备 9，真空计 8 与显示设备 9 信号连接。利用真空计 8 可以实时监测密闭容器 4 内的真空度，操作人员根据显示设备 9 上显示的真空度可以准确地掌握抽真空的时间。

为了便于试验记录，所述密闭容器 4 内设置有温度传感器 10，温度传感器 10 与显示设备 9 信号连接。操作人员可以准确地获得整个试验过程中温度的变化情况，为后续的科研研究提供有力的数据。

为了便于观察，所述显示设备 9 应优选 LED 显示屏。

在上述实施方式中，所述加热装置 1 可以采用现有的各种加热设备，但为了缩短加热时间，应优选微波炉。微波炉的升温速度较快、加热均匀、温度容易控制，不但缩短加热所需的时间，提高抑酶杀菌的效率，而且可以根据不同的原材料设定所需的加热温度，使用非常方便。

另外，为了便于密闭容器 4 与真空泵 2、气瓶 3 的安装连通和拆卸，所述真空管 5、气管 6 应为软管，使用软管连接可以避免受到场地的限制，使安装更加自由、方便和快捷。

三、权利要求书

（1）基于惰性气体保护的干燥杀菌装置，包括加热装置 1、真空泵 2 以及装有惰性气体的气瓶 3。其中，所述加热装置 1 内设置有密闭容器 4，密闭容器 4 与真空泵 2 通过真空管 5 连通；所述密闭容器 4 与气瓶 3 通过气管 6 连通；所述真空管 5、气管 6 上均设置有截止阀 7。其特征在于：所述密闭容器 4 的内腔为锥形，密闭容器 4 的内腔直径从上到下逐渐变小，并且所述气管 6 的出气口延伸至密闭容器 4 的内腔底部。

（2）如权利要求（1）所述的基于惰性气体保护的干燥杀菌装置。其特征在于：所述真空管 5 的进气口位于密闭容器 4 的内腔上部。

（3）如权利要求（2）所述的基于惰性气体保护的干燥杀菌装置。其特征在于：所述密闭容器 4 内设置有真空计 8，并在密闭容器 4 外设置有显示设备 9，真空计 8 与显示设备 9 信号连接。

（4）如权利要求（3）所述的基于惰性气体保护的干燥杀菌装置。其特征在于：所述密闭容器 4 内设置有温度传感器 10，温度传感器 10 与显示设备 9 信号连接。

（5）如权利要求（4）所述的基于惰性气体保护的干燥杀菌装置。其特征在于：所述显示设备 9 为 LED 显示屏。

（6）如权利要求（5）所述的基于惰性气体保护的干燥杀菌装置。其特征在于：

所述加热装置 1 为微波炉。

（7）如权利要求（6）所述的基于惰性气体保护的干燥杀菌装置。其特征在于：所述真空管 5、气管 6 为软管。

第六节　抑酶杀菌装置

一、基本信息

专利类型	发明　　实用新型
申请（授权）号	201220524698.3
发明人	李静、巩发永、张忠、林巧、罗晓秒、肖诗明
申请人	西昌学院
申请日	2012 年 10 月 12 日
授权日	2013 年 4 月 10 日
说明书摘要	本发明公开了一种抑酶杀菌彻底且护色效果良好的抑酶杀菌装置。该抑酶杀菌装置，包括加热装置、真空泵以及装有惰性气体的气瓶。其中，所述加热装置内设置有密闭容器，密闭容器与真空泵通过真空管连通；所述密闭容器与气瓶通过气管连通；所述真空管、气管上均设置有截止阀。由于原材料是在惰性气体的保护下被加热升温的，因而可以大大提高抑酶杀菌的效果，同时还可以有效防止酶促褐变和有氧参与的非酶促褐变的发生，起到良好的护色效果，保证原材料不变色；再者，加热结束后利用真空泵将密闭容器抽成真空进行冷却可以达到迅速降温的效果，从而缩短抑酶杀菌处理所需的时间，提高抑酶杀菌的效率。本抑酶杀菌装置适合在化工设备领域推广运用。

二、说明书

（一）技术领域

本发明涉及化工设备领域，其具体是指一种抑酶杀菌装置。

（二）背景技术

在化工原料加工领域中，通常需要对一些原材料进行抑酶杀菌处理。目前，抑制酶活性的方法主要有以下几种：加热钝化酶活性、驱氧、螯合酶促作用的金属离子、调节 pH 值、加酶活性抑制剂（一般所使用的酶活性抑制剂主要有二氧化硫、亚硫酸盐、无机盐、抗坏血酸等）。对于原材料的杀菌处理主要采用以下几种方法：采用紫外灯照射、利用蒸气进行熏蒸、将原材料进行高压处理、添加防腐剂等。现有的抑制酶活性的方法和杀菌处理虽然能够达到一定的效果，但是抑酶杀菌不够彻底，而且容易破坏原材料的颜色，使原材料变色。另外，现有的

抑酶杀菌过程是分开处理的，对于每道工序都需要配备专门的设备，不但工序较多，每道工序所需时间较长，而且成本较高。

（三）发明内容

本发明所要解决的技术问题是，提供一种抑酶杀菌彻底且护色效果良好的抑酶杀菌装置。该抑酶杀菌装置包括加热装置、真空泵以及装有惰性气体的气瓶。其中，所述加热装置内设置有密闭容器，密闭容器与真空泵通过真空管连通；所述密闭容器与气瓶通过气管连通；所述真空管、气管上均设置有截止阀。

进一步的是，所述加热装置为微波炉。

进一步的是，所述真空管、气管为软管。

本发明的有益效果是：该抑酶杀菌装置在对原材料进行抑酶杀菌处理时，首先将需要处理的原材料放入密闭容器内，然后利用真空泵将密闭容器抽成真空，再将气瓶中的惰性气体充入密闭容器内；接着利用加热装置对密闭容器内的原材料进行加热，并加热到规定的时候后，再利用真空泵将密闭容器抽成真空进行冷却。由于原材料是在惰性气体的保护下被加热升温的，因而可以大大提高抑酶杀菌的效果，同时还可以有效防止酶促褐变和有氧参与的非酶促褐变的发生，起到良好的护色效果，保证原材料不变色。再者，加热结束后利用真空泵将密闭容器抽成真空进行冷却可以达到迅速降温的效果，从而缩短抑酶杀菌处理所需的时间，提高抑酶杀菌的效率。另外，该抑酶杀菌装置可以同时实现抑酶和杀菌处理，使得工序大大减少，而且整个过程无须添加任何其他成分，可以大大降低成本。

附图说明：

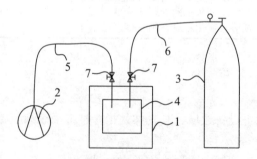

抑酶杀菌装置的结构示意图

1—加热装置　2—真空泵　3—气瓶
4—密闭容器　5—真空管　6—气管　7—截止阀

（四）具体实施方式

下面结合附图对抑酶杀菌装置作进一步说明。

如图所示，该抑酶杀菌装置包括加热装置1、真空泵2以及装有惰性气体的气瓶3。其中，所述加热装置1内设置有密闭容器4，密闭容器4与真空泵2通过真空管 5 连通；所述密闭容器 4 与气瓶 3 通过气管 6 连通；所述真空管 5、气管 6 上均设置有截止阀 7。该抑酶杀菌装置在对原材料进行抑酶杀菌处理时，首先将需要处理的原材料放入密闭容器 4 内，然后利用真空泵 2 将密闭容器 4 抽成真空，再将气瓶 3 中的惰性气体充入密闭容器 4 内；接着利用加热装置 1 对密闭容器 4 内的原材料进行加热，并加热到规定的时候后，再利用真空泵 2 将密闭容器 4 抽成真空进行冷却。由于原材料是在惰性气体的保护下被加热升温的，因而可以大大提高抑酶杀菌的效果，同时还可以有效防止酶促褐变和有氧参与的非酶促褐变的发生，起到良好的护色效果，保证原材料不变色。再者，加热结束后利用真空泵 2 将密闭容器 4 抽成真空进行冷却可以达到迅速降温的效果，从而缩短抑酶杀菌处理所需的时间，提高抑酶杀菌的效率。另外，该抑酶杀菌装置可以同时实现抑酶和杀菌处理，使得工序大大减少，而且整个过程无须添加任何其他成分，可以大大降低成本。

在上述实施方式中，所述加热装置 1 可以采用现有的各种加热设备，但为了缩短加热时间，应优选微波炉。微波炉的升温速度较快、加热均匀、温度容易控制，不但缩短加热所需的时间，提高抑酶杀菌的效率，而且可以根据不同的原材料设定所需的加热温度，使用非常方便。

另外，为了便于密闭容器 4 与真空泵 2、气瓶 3 的安装连通和拆卸，所述真空管 5、气管 6 应为软管，使用软管连接可以避免受到场地的限制，使安装更加自由、方便和快捷。

三、权利要求书

(1) 抑酶杀菌装置。该装置包括加热装置 1、真空泵 2 以及装有惰性气体的气瓶 3。其中，所述加热装置 1 内设置有密闭容器 4，密闭容器 4 与真空泵 2 通过真空管 5 连通；所述密闭容器 4 与气瓶 3 通过气管 6 连通；所述真空管 5、气管 6 上均设置有截止阀 7。

(2) 如权利要求(1)所述的抑酶杀菌装置。其特征在于：所述加热装置 1 为微波炉。

(3) 如权利要求(1)或(2)所述的抑酶杀菌装置。其特征在于：所述真空管 5、气管 6 为软管。

第七节　用于灰分测定的装置

一、基本信息

专利类型	发明　　实用新型
申请（授权）号	201220567686.9
发明人	张忠、巩发永、卞贵建、路艳、李静、肖英
申请人	西昌学院
申请日	2012 年 10 月 31 日
授权日	2013 年 4 月 17 日
说明书摘要	本发明公开了一种能够提高工作效率的用于灰分测定的装置。该灰分测定装置包括托架、托架上设置的多个托盘和托盘内放置的坩埚。该灰分测定装置在进行对灰分测定的实验时，可以同时放置多个坩埚；当测定较多的样品时，可以将多个坩埚放置在托架的托盘内；在进行碳化和灰化需要移动坩埚时，可以直接移动托架进行整体移动，无须用坩埚钳一个个地夹取坩埚，从而使所需的时间大大减少，能够大大提高工作效率。为了方便移动托架 1，在托架 1 两侧设置有把手 4。另外，为了方便区分各个样品，在托盘 2 内设置有标识 5，也可以在托架 1 上与每个托盘 2 相对应的位置设置有标识 5。本灰分测定装置适合在化工实验领域推广运用。

二、说明书

（一）技术领域

本发明涉及化工实验领域，其具体是指一种用于灰分测定的装置。

（二）背景技术

灰分是指一种物质中的固体无机物。这种物质可以是食品，也可以是非食品；可以是含有机物的无机物，也可以是不含有机物的无机物；可以是煅烧后的残留物，也可以是烘干后的剩余物。但是，灰分一定是指某种物质中的固体部分，而不是指气体或液体部分。为了研究物质的组成以及物质中的固体无机物的含量，通常都需要对所研究的物质进行灰分测定。

目前，多数物质在测定其灰分时一般使用石英坩埚或瓷坩埚，即将所要进行灰分测定的物质放置在坩埚内，然后进行碳化和灰化处理，完毕后对坩埚进行称量即可。如果要测定的样品较多时，则采用多个坩埚，并对每个坩埚进行编号以便于区分。这种现有的灰分测定方式在实际操作过程中存在以下问题：首先，当测定较多的样品时，需要的坩埚数量较多，而在进行碳化和灰化时需用坩埚钳一个个地夹取坩埚，需要的时间较长，工作效率低；其次，当测定较多的样品时，为了区分各个样品需要预先对坩埚进行编号，而实验过程中，如果某一个坩埚破损或丢失还需再补充编号。所以，这种灰分测定方式操作起来非常麻烦。

（三）发明内容

本发明所要解决的技术问题是，提供一种能够提高工作效率的用于灰分测定的装置。该灰分测定装置包括托架、托架上设置的多个托盘和托盘内放置的坩埚。

进一步的是，所述托架两侧设置有把手。

进一步的是，所述托盘内设置有标识。

进一步的是，所述托架上与每个托盘相对应的位置设置有标识。

进一步的是，所述标识为数字编码。

本发明的有益效果是：该灰分测定装置在进行对灰分测定的实验时，可以同时放置多个坩埚；当测定较多的样品时，可以将多个坩埚放置在托架的托盘内；在进行碳化和灰化需要移动坩埚时，可以直接移动托架进行整体移动，无须用坩埚钳一个个地夹取坩埚，从而使所需的时间大大减少，能够大大提高工作效率。

附图说明：

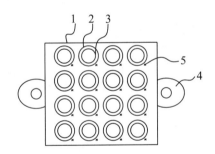

灰分测定装置的结构示意图

1—托架　2—托盘　3—坩埚　4—把手　5—标识

（四）具体实施方式

下面结合附图对灰分测定装置作进一步说明。

如图所示，该灰分测定装置包括托架 1、托架 1 上设置的多个托盘 2 和托盘 2 内放置的坩埚 3。该灰分测定装置在进行对灰分测定的实验时，可以同时放置多个坩埚 3；当测定较多的样品时，可以将多个坩埚 3 放置在托架 1 的托盘 2 内；在进行碳化和灰化需要移动坩埚 3 时，可以直接移动托架 1 进行整体移动，无须用坩埚钳一个个地夹取坩埚 3，从而使所需的时间大大减少，能够大大提高工作效率。

在上述实施方式中，为了方便移动托架 1，在托架 1 两侧设置有把手 4。

另外，为了方便区分各个样品，在托盘 2 内设置有标识 5。将标识 5 设置在托盘 2 内，即使在实验过程中某一个坩埚破损或丢失，也不需要对坩埚 3 进行重新编号，只需拿一个新的坩埚放置在原来的托盘 2 内即可，使用非常方便。当然，也可以在托架 1 上与每个托盘 2 相对应的位置设置标识 5。所述标识 5 可以是英文字母、希腊字母等，通常情况下，所述标识 5 一般为数字编码。

三、权利要求书

（1）用于灰分测定的装置包括托架 1、托架上设置的多个托盘 2 和托盘内放置的坩埚 3。

（2）如权利要求（1）所述的用于灰分测定的装置。其特征在于：所述托架 1 两侧设置有把手 4。

（3）如权利要求（2）所述的用于灰分测定的装置。其特征在于：所述托盘 2 内设置有标识 5。

（4）如权利要求（2）所述的用于灰分测定的装置。其特征在于：所述托架 1 上与每个托盘 2 相对应的位置设置有标识 5。

（5）如权利要求（3）或（4）所述的用于灰分测定的装置。其特征在于：所述标识 5 为数字编码。

参考文献

［1］张忠. 碳酸钠与魔芋精粉添加量对苦荞麦挂面品质的影响［J］. 江苏农业科学，2013（3）.

［2］张忠，巩发永，肖诗明. 碳酸钾与魔芋精粉添加量对苦荞挂面品质的影响［J］. 西昌学院学报：自然科学版，2012（4）：24－28.

［3］巩发永，李静. 魔芋无硫干燥技术［J］. 农产品加工，2011（11）：34－35.

［4］李静，王志民，张忠，等. 魔芋的应用价值与开发前景［J］. 西昌学院学报：自然科学版，2006（4）：17－19.

［5］张忠，李静，花旭斌，等. 葡甘聚糖涂膜对甜椒保鲜效果影响的研究［J］. 食品科技，2007（3）：246－248.

［6］巩发永，肖诗明，李静，等. 国家发明专利，一种低酒精浓度湿法加工魔芋精粉的方法（201310322296.4）.

［7］巩发永，肖诗明，李静，等. 国家发明专利，一种非酒精湿法加工魔芋精粉的方法（201310323076.3）.

［8］巩发永，张忠，李静，等. 国家实用新型发明专利，基于惰性气体保护的干燥杀菌装置（201320615311. X）.

［9］李静，巩发永，肖诗明. 国家实用新型发明专利，抑酶杀菌装置（201220524698.3）.

［10］张忠，巩发永，卞贵建，等. 国家实用新型发明专利，用于灰分测定的装置（201220567686.9）.

［11］巩发永，李静，张忠. 国家发明专利，一种魔芋精粉的加工方法（200710138967）.

［12］巩发永，李静，肖诗明. 国家发明专利，一种抑酶杀菌的方法（200710138968）.

［13］张忠良，吴万兴，鲁周民，等. 魔芋栽培与加工技术［M］. 北京：中国农业出版社，2012.

［14］罗学刚. 高纯魔芋葡甘聚糖制备与热塑改性［M］. 北京：科学出版社，2012.

[15] 张和义. 魔芋栽培与加工利用新技术 [M]. 北京：金盾出版社，2012.

[16] 黄甫华，彭金波，张明海. 魔芋种植新技术 [M]. 武汉：湖北科学技术出版社，2011.

[17] 刘海利，王启军，牛义，等. 魔芋生产关键技术百问百答 [M]. 北京：中国农业出版社，2009.

[18] 郭兰. 食用菌魔芋高产高效栽培新技术 [M]. 武汉：湖北人民出版社，2010.

[19] 巩发永. 魔芋加工技术 [M]. 成都：四川科学技术出版社，2009.

[20] 黄春秋. 魔芋栽培与加工技术问答 [M]. 北京：中国农业科学技术出版社，2009.

[21] 庞杰. 资源植物魔芋的功能性活性成分 [M]. 北京：科学出版社，2008.

[22] 牛义，张盛林. 魔芋防病与高效栽培技术 [M]. 北京：中国三峡出版社，2008.

[23] 张盛林. 魔芋栽培与加工技术 [M]. 北京：中国农业出版社，2005.

[24] 黄中伟. 魔芋加工实用技术与装备 [M]. 北京：中国轻工业出版社，2005.

[25] 刘佩英. 魔芋学 [M]. 北京：中国农业出版社，2004.

[26] 张盛林. 魔芋栽培与防病技术 [M]. 重庆：重庆出版社，1999.

附件　魔芋加工标准

中华人民共和国农业行业标准——魔芋商品芋（讨论稿）

1　品种

1.1　品质
葡甘聚糖含量达 50％（干基，即占干物质的百分比）以上的种或品种。

1.2　品牌
必须标明是白魔芋、花魔芋及黄魔芋中的哪一种，不许相互混杂，不许混入其他杂乱种，更不准混入不含葡甘聚糖的疣柄魔芋或甜魔芋，不准挖野生魔芋作商品芋销售。

1.3　产地
每批量必须标明产地，尤其是黄魔芋，包括不同地区的不同种，更须标明其产地。

2　商品芋的规格

2.1　年龄
3 年生（根状茎繁殖者 3 年生，种子繁殖者 4 年生）。

2.2　成熟度
自然倒苗后才挖收者。

2.3　重量
花魔芋 1~5 kg；白魔芋 0.4~1 kg；黄魔芋 0.4~3 kg；根状茎不能作商品芋。

2.4　清洁度
去净泥土，不准混入尼龙、塑料绳、编织带或碎片、毛发和其他杂物。

2.5　完整性
无伤、早期受伤而伤口已愈合完好、无腐烂。

3 商品芋的包装运输

3.1 供需衔接

商品芋的起运应密切与烘烤加工工序衔接，避免大量堆积等待加工，造成腐烂损失。

3.2 包装运输

加工厂在种植基地中心，随叫随到立即加工者可不包装；运距在一天内能到达，且随即加工者，用网袋或麻袋包装，而不能用编织袋或塑料袋装运；须二三天以上才能运到者，必须用硬质通气包装箱，如用竹筐或藤筐，四角用更硬质材料加强承受力。筐的长、宽、高为 60 cm×45 cm×30 cm，筐四周垫稻草，放一层商品芋加一层稻草，芋摆放要紧密，以免相互碰撞，最上再加一层稻草，并加承压盖。包装运输过程中坚持轻拿轻放，注意防冻和避免日晒雨淋。

中华人民共和国农业行业标准——魔芋片（讨论稿）

1 范围

本标准规定了魔芋片的要求、检验规则、检验方法、标志、包装、运输、贮存要求。

本标准适用于鲜魔芋经机械化脱水或土法烘烤脱水制成的魔芋干片（条、角）。

2 引用标准

下列标准所包含的条文，通过在本标准中引用而构成本标准条文。本标准出版时，所示版本均为有效。所有标准都会被修订，使用本标准的各方应探讨使用下列标准最新版本的可能性。

GB/T 5009.3—1985 食品中水分的测定方法

GB/T 5491—1985 粮食、油料检验扦样、分样法

NB—2000 魔芋精粉行业标准

NB—2000 商品芋行业标准

3 要求

3.1 原料要求

生产魔芋片的原料应符合 NB—2000 商品芋行业标准的规定。

3.2 魔芋片质量应符合表 1 要求。

表 1　魔芋片质量要求

等级	精片率 (%)	水分 (%)	杂质 (%)	二氧化硫 (g/kg，以 SO_2 计)	不完善魔芋片		色泽	气味
					总量 (%)	其中霉变片 (%)		
1	≥70	≤9.0			≤5	≤2	白色	正常
2	≥55	≤11.0	≤1.5	≤3.5	≤10	≤4	淡黄色	正常
3	≥40	≤13.0			≤15	≤6	灰褐色	正常

＊黄魔芋片为正常黄色除外。

3.3　名词解释

3.3.1　不完善魔芋片指下列魔芋片：

　　a. 虫蛀片：被虫蛀蚀的魔芋片；

　　b. 霉变片：片面生霉的魔芋片；

　　c. 黑心片：片心可见有黑色或褐色的魔芋片；

　　d. 病害片：腐烂病等病害造成伤害的魔芋片；

　　e. 冻伤片：鲜魔芋在低温下被冻伤后烤成的魔芋片；

　　f. 焦煳片：鲜魔芋片因局部烘烤温度过高造成的焦黄片。

3.3.2　杂质：通过直径为 3.0 mm 圆孔筛的无使用价值的魔芋片，以及其他有机无机物质。

3.3.3　精片率：按农业部魔芋精粉行业标准可选出来生产特级普通魔芋精粉的芋片百分率。

4　试验方法

4.1　色泽和气味

　　色泽用肉眼检查，气味用鼻嗅。

4.2　水分

　　按 GB/T 5009.3—1985 中规定方法进行。

4.3　二氧化硫的测定

　　按 NB—2000 魔芋精粉行业标准中 5.2.2 条规定方法进行。

4.4　杂质的测定

　　称 10 kg 样品于圆孔筛（直径 3.0 mm）中，将有机和无机杂质选出，连同筛下物一起称重，杂质含量按下式计算。

$$X_1 = \frac{W_1}{W} \times 100\%$$

式中，X_1—杂质含量，%；

　　　　W_1—杂质质量，kg；

W—样品质量，10kg。

4.5 不完善魔芋片的测定

挑选出 4.4 条筛网上不完善魔芋片并称其质量，不完善魔芋片含量按下式计算。

$$X_2 = \frac{W_2}{W} \times 100\%$$

式中，X_2—不完善魔芋片含量，%；

　　　W_2—不完善魔芋片质量，kg；

　　　W—样品质量，10kg。

4.6 出粉率

称取魔芋片 5 kg，放入国产精粉机内加工 5 分钟后，再经 50～120 目筛选出 50～120 目的魔芋精粉并称重 W_3，出粉率按下式计算。

$$X_3 = \frac{W_3}{W'} \times 100\%$$

式中，X_3—出粉率，%；

　　　W_3—精粉质量，kg；

　　　W'—样品质量，5kg。

5 检验规则

5.1 组批

由同一种原料，同一班次，生产的同一规格的产品为一批。

5.2 出厂检验

5.2.1 产品出厂前，应由生产厂质量检测部门按本标准逐批进行检验，检验合格后，出具合格证书。在包装箱内附有合格证书的产品方能出厂。

5.2.2 每批产品按 GB/T 5491—1985 标准中 2.3.2 条规定进行扦样、分样。

5.2.3 出厂检验项目为：色泽、气味、水分、杂质和不完善魔芋片率。

5.3 型式检验

5.3.1 型式检验正常生产情况下，每半年一次。发生下列任一情况亦应进行。

　　a. 更改关键工艺；

　　b. 长期停产后恢复生产；

　　c. 国家质量监督机构提出进行型式检验要求。

5.3.2 抽样

型式检验的抽样方法和数量同本标准 5.2.2 条。

5.3.3 型式检验项目

型式检验项目包括本标准要求中的全部项目。

5.4　判定规则

5.4.1　在出厂检验结果中，有一项或一项以上不符合本标准要求时，应重新从同批产品中按两倍量抽取样品，对不合格项目进行复检。复检结果若仍有一项不合格，则判该批产品为不合格品。

5.4.2　型式检验判定

　　型式检验结果中有任何一项不符合本标准要求时，则判该批产品为不合格品。

6　标志、包装、运输及贮存

6.1　标志

6.1.1　产品标签上应按有关规定标注：产品名称、等级、净含量、生产企业（或销售企业）名称和地址，生产日期、保质期和产品标准代号等。

6.1.2　产品合格证书上应有合格印章、检验员印章或代号，检验日期等标志。

6.2　包装

6.2.1　产品采用塑料编织袋包装。

6.2.2　塑料编织袋应符合相关卫生标准要求。

6.2.3　包装规格分为 25 千克/袋至 50 千克/袋或按合同要求包装。

6.3　运输

6.3.1　产品在运输、装卸时应小心轻拿轻放，严禁撞击、挤压和避免日晒雨淋。

6.3.2　运输工具应清洁、卫生，不得与有毒、有害、有异味的物质混装混运。

6.4　贮存

6.4.1　产品应贮存在干燥、防潮、通风和不超过 25℃的库房中。

6.4.2　产品不得与有毒、有害、有腐蚀性、有异味的物质同库贮存。

中华人民共和国农业部. 农业部行业标准《魔芋粉》（编号 NY/T 494-2002）［S］. 2002-01-14.

1　范围

　　本标准规定了魔芋粉（又称魔芋胶）的产品定义、分类、要求、试验方法、检验规则、标志标签及包装、运输、贮存。

　　本标准适用于食用及医药用原料的魔芋粉产品。

2　引用标准

　　下列文件中的条款通过本标准的引用而成为本标准的条款。凡是注日期的引用文件，其随后所有的修改单（不包括勘误的内容）或修订版均不适用于本标准，然而，鼓励根据本标准达成协议的各方研究是否可使用这些文件的最新版本。凡是不注日期的引用文件，其最新版本适用于本标准。

GB/T 191—2000 包装储运图示标志

GB/T 5009.3—1985 食品中水分的测定方法

GB/T 5009.4—1985 食品中灰分的测定方法

GB/T 5009.11—1996 食品中总砷的测定方法

GB/T 5009.12—1996 食品中铅的测定方法

GB/T 5009.34—1996 食品中亚硫酸盐的测定方法

GB/T 5508—1985 粮食、油料检验粉类含砂量测定法

GB/T 7718—1994 食品标签通用标准

3 术语和定义

下列术语和定义适用于本标准。

3.1 普通魔芋精粉

用魔芋片（条、角）经物理干法或鲜魔芋经食用乙醇湿法加工初步去掉淀粉等杂质制得的粒度在 0.125 mm 至 0.335 mm 的颗粒占 90％以上的魔芋粉。

3.2 普通魔芋微粉

用魔芋片（条、角）经物理干法或鲜魔芋经食用乙醇湿法加工初步去掉淀粉等杂质制得的粒度小于或等于 0.125 mm 颗粒占 90％以上的魔芋粉。

3.3 纯化魔芋精粉

用鲜魔芋经食用乙醇湿法加工或用魔芋精粉经食用乙醇提纯到葡甘聚糖含量在 85％以上，粒度在 0.125 mm 至 0.335 mm 的颗粒占 90％以上的魔芋粉。

3.4 纯化魔芋微粉

用鲜魔芋经食用乙醇湿法加工或用魔芋精粉经食用乙醇提纯到葡甘聚糖含量在 85％以上，粒度小于或等于 0.125 mm 的颗粒占 90％以上的魔芋粉。

4 分类

魔芋粉按其加工深度分为下列两大类四小类。

4.1 普通魔芋粉

按定义粒度分为普通魔芋精粉和普通魔芋微粉。

4.2 纯化魔芋粉

按定义粒度分为纯化魔芋精粉和纯化魔芋微粉。

5 要求

5.1 感官指标

感官指标应符合表 1 要求。

表1　感官指标

类　别		级　别	颜　色	形　状	气　味
普通 魔芋粉	普通魔芋精粉	特级	白色	颗粒状、 无结块、 无霉变	允许有魔芋固有的鱼腥气味和极轻微的SO_2气味
		一级	白色，允许有极少量的褐色		
	普通魔芋微粉	二级	白色或黄色，允许有少量的褐色或黑色		
纯化 魔芋粉	纯化魔芋精粉	特级	白色	颗粒状、 无结块、 无霉变	允许有极轻微的魔芋固有的鱼腥气味和酒精气味
	纯化魔芋微粉	一级			

5.2　理化及卫生指标

理化及卫生指标应符合表2要求。

表2　理化及卫生指标

项　目	普通魔芋粉			纯化魔芋粉	
	特级	一级	二级	特级	一级
黏度（4号转子，12 r/min，30℃） （mPa·s）≥	22000	18000	14000	32000	28000
葡甘聚糖（以干基计，%）≥	70	65	60	90	85
二氧化硫（g/kg）≤	1.6	1.8	2.0	0.3	0.5
水分（%）≤	11.0	12.0	13.0	10.0	
灰分（%）≤	4.5	4.5	5.0	3.0	
含沙量（%）≤	0.04			0.04	
砷（以As计，mg/kg）≤	3.0			2.0	
铅（以Pb计，g/kg）≤	1.0			1.0	
粒度（按定义要求，%）≥	90				

注：黏度和葡甘聚糖含量两项指标为强制性项目，但在不同的应用领域二者各有侧重，可分别以葡甘聚糖含量或黏度指标作为判断魔芋粉质量的主要指标。

6　试验方法

6.1　感官检验

6.2　理化及卫生项目检验

6.3　理化及卫生指标检验

6.3.1 黏度

6.3.1.1 仪器及用具

NDJ-1型或NDJ-5S型旋转黏度计、恒温水浴槽、感量0.01 g天平、500 mL烧杯、直流调速翼形搅拌器等。

6.3.1.2 测定步骤

量取495 mL 30℃的蒸馏水或去离子水注入500 mL烧杯中。然后将烧杯放入（30±1）℃恒温水浴槽恒温，将直流调速翼形搅拌器放入烧杯中，调整好位置，开启搅拌，调整转速在150 r/min，用感量为0.01 g的天平称取5.00 g待测样品，缓缓加入烧杯中。普通魔芋精粉和纯化魔芋精粉恒温连续搅拌1小时（普通魔芋微粉和纯化魔芋微粉恒温连续搅拌10分钟）后，停止搅拌，取出烧杯，马上用4号转子以转速12 r/min进行第一次黏度测定。测定完后将烧杯又放入（30±1）℃恒温水浴槽恒温搅拌。普通魔芋精粉和纯化魔芋精粉每间隔半小时重复测定一次（普通魔芋微粉和纯化魔芋微粉每间隔10分钟重复测定一次）。重复测定直至黏度计读数达到最大值并明显开始下降为止。每次测定时应连续读取三个测定值，并计算平均值，以最大平均值计算黏度。

6.3.1.3 结果计算

样品中的黏度 η 按式（1）计算：

$$\eta = K\theta \tag{1}$$

式中，η—样品黏度，单位为毫帕斯卡·秒（mPa·s）；

K—系数（当采用4号转子12 r/min，$K=500$）；

θ—旋转黏度计指针读数最大平均值。

重复测定允许误差不超过250 mPa·s。

6.3.2 葡甘聚糖含量的测定

按附录A（规范性附录）操作。

6.3.3 二氧化硫的测定。

按GB/T 5009.34蒸馏法操作。

6.3.4 水分按GB/T 5009.3—1985规定方法操作。

6.3.5 灰分按GB/T 5009.4—1985规定方法操作。

6.3.6 含沙量按GB/T 5508—1985规定方法操作。

6.3.7 砷按GB/T 5009.11—1996规定方法操作。

6.3.8 铅按GB/T 5009.12—1996规定方法操作。

6.3.9 粒度检验

称取50 g混合均匀的待检样品（称准至0.01 g），置于按定义要求孔径的分样筛内，盖上分样筛盖并卡紧，连续筛分10分钟后，分别称量各级样品质量，并计算其所占样品的百分含量，通过该目数分样筛的粒度含量按式（2）计算：

$$粒度含量（％）=\frac{符合各级分样筛要求的样品质量（单位为克）}{样品的质量（单位为克）} \qquad (2)$$

重复测定允许误差不超过 0.5%。

7 检验规则

7.1 组批

由同一种原料，同一班次，生产的同一规格的产品为一批。

7.2 抽样

每批产品随机抽取样品 1000 g，经缩分至 500 g，取 250 g 为检验样，余下 250 g 为备查样。

7.3 出厂检验

出厂检验项目为：感观、黏度、水分、粒度。

7.4 型式检验

7.4.1 型式检验正常生产情况下，每半年一次。发生下列任一情况亦应进行。

（1）更改关键工艺；

（2）长期停产后恢复生产；

（3）国家质量监督机构提出进行型式检验要求。

7.4.2 型式检验项目

型式检验项目包括本标准要求中的全部项目。

7.5 判定规则

7.5.1 在出厂检验结果中，感官、水分、黏度、二氧化硫、粒度等项目有不符合本标准时，应重新自同批产品中按两倍量抽取样本，对不合格项目进行复检。复检结果若仍有一项不合格，则判该批产品为不合格品，可判定降级。

7.5.2 型式检验中，有任何一项不符合本标准要求时，则判该批产品为不合格品。

8 标志、标签

8.1 产品标签上应按 GB/T 7718—1994 的有关规定标注：产品名称、等级、净含量、生产企业（或销售企业）名称和地址，生产日期、保质期和产品标准代号。

8.2 产品外包装袋上应标明产品名称、生产企业名称、地址、净含量及等级。

8.3 储运图示的标志应符合 GB/T 191—2000 的有关规定。

9 包装、运输及贮存

9.1 包装

9.1.1 产品内层包装用聚乙烯薄膜袋，外包装采用编织袋、纸箱或复合袋；包装材料应符合相应卫生标准要求。

9.1.2 包装规格分为 25 千克/袋（箱），20 千克/袋（箱）。净含量偏差为

±0.4%。

9.2　运输

9.2.1　产品在运输、装卸时应小心轻放，严禁撞击、挤压和日晒雨淋。

9.2.2　运输工具应清洁、卫生，不得与有毒、有害、有腐蚀性和易挥发有异味的物质混装混运。

9.3　贮存

9.3.1　产品应贮存在干燥、防潮、避光的库房中。最适宜的贮存温度为25℃以下，相对湿度低于65%。

9.3.2　产品不得与有毒、有害、有腐蚀性、有异味和易挥发的物质同库贮存。

9.3.3　普通魔芋粉保质期不低于1年，纯化魔芋粉保质期不低于2年。

附录A　魔芋粉中葡甘聚糖含量测定（规范性附录）

A.1　原理

魔芋葡甘聚糖经酸水解后生成D-甘露糖和D-葡萄糖两种还原糖，3,5-二硝基水杨酸与还原糖在碱性介质中共沸后被还原成棕红色的氨基化合物，在一定范围内，还原糖的量同反应液的颜色强度呈正比例关系，利用分光光度法可测知样品中魔芋葡甘聚糖的含量。

A.2　仪器

分光光度计、电磁搅拌器、4000 r/min以上离心机、分析天平、恒温水浴锅、容量瓶（100 mL，25 mL）刻度吸管（5 mL，2 mL）。

A.3　试剂

A.3.1　显色剂：3,5-二硝基水杨酸溶液。

甲液：溶解6.9 g结晶的重蒸馏的苯酚于15.2 mL 10%氢氧化钠溶液中，并稀释至69 mL，在此溶液中加入6.9 g亚硫酸氢钠。

乙液：称取225 g酒石酸钾钠，加入到300 mL 10%氢氧化钠溶液中，再加入880 mL 1% 3,5-二硝基水杨酸溶液。

将甲液与乙液混合，贮于棕色试剂瓶中。在室温下，放置7～10天以后使用。

A.3.2　硫酸溶液（3 mol/L）。

A.3.3　氢氧化钠溶液（6 mol/L）。

A.3.4　0.1 mol/L甲酸-氢氧化钠缓冲溶液：取1 mL甲酸于250 mL容量瓶中，加60 mL蒸馏水，再称取0.25 g氢氧化钠溶解后加入，定容至250 mL。

A.3.5　葡萄糖标准溶液（1.0 mg/mL）：在分析天平上准确称取0.1000 g分析纯葡萄糖（预先在105℃干燥至恒重），溶于蒸馏水中，定容至100 mL。

A.4　操作方法

A.4.1　葡萄糖标准曲线

依次移取 0.4 mL、0.8 mL、1.2 mL、1.6 mL、2.0 mL 标准葡萄糖工作液，2.0 mL 蒸馏水于 6 个 25 mL 容量瓶中，加蒸馏水补足至 2 mL，再在每个容量中加入 1.5 mL 3，5-二硝基水杨酸试剂，摇匀后将 6 个容量瓶放在沸水浴中加热 5 min，立即冷却。用蒸馏水定容至刻度，摇匀。用 1 cm 比色皿在 550 nm 处测其吸光度。以蒸馏水显色反应液做空白调零，记录不同浓度葡萄糖工作液的吸光度。以葡萄糖毫克数为横坐标（X），吸光度为纵坐标（Y），绘制标准工作曲线（或建立吸光度为 Y、标准葡萄糖毫克数为 X 的回归方程）。

A.4.2　魔芋葡甘聚糖测定

A.4.2.1　魔芋葡甘聚糖提取液的制备：用干燥光滑的称量纸准确称取样 0.1900 -0.2000 g，加入盛有 50 mL 甲酸-氢氧化钠缓冲液并处于电磁搅拌状态的 100 mL 容量瓶中，30℃搅拌溶胀 4 小时，或在室温下搅拌 1~2 小时溶胀过夜，用甲酸-氢氧化钠缓冲液定容至 100 mL（先将空容量瓶用蒸馏水定容至刻度，再加入磁棒，标记液面升高的刻度作为样品溶液定容的刻度。搅拌均匀后在离心机上以 4000 r/min 的转速离心 20 min，此上清液即为魔芋葡甘聚糖提取液。

A.4.2.2　魔芋葡甘聚糖水解液的制备：准确移取 5.0 mL 魔芋葡甘聚糖提取液于 25 mL 容量瓶中（用洗耳球反复吹洗移液管，直至管内壁粘附的粘性样品溶液完全进入容量瓶），准确加入 3 mol/L 硫酸 2.5 mL，摇匀，在沸水浴水中具塞密封水解 1.5 小时，冷却。加入 6 mol/L 氢氧化钠 2.5 mL，摇匀，加蒸馏水定容至 25 mL。

A.4.2.3　魔芋葡甘聚糖的测定：分别移取以上制得的葡甘聚糖提取液、水解液和蒸馏水 2.0 mL，于 3 个 25 mL 容量瓶中，分别加入 1.5 mL 3，5-二硝基水杨酸试剂，在沸水浴中加热 5 分钟，冷却后用蒸馏水定容至 25 mL，在分光光度计 550 nm 处比色，以蒸馏水显色反应液做空白调零，测定水解液和提取液的吸光度值。在标准曲线上查出（或通过回归方程计算）吸光度所对应的葡萄糖毫克数。

中华人民共和国农业行业标准魔芋食品（讨论稿）NB-2000

1　范围

本标准规定了魔芋食品的分类、要求、试验方法、检验规则，以及标志、包装、运输和贮存。

本标准适用于以魔芋精粉、水为主要原料，以海藻粉为辅料，添加凝固剂，经加工而制成的魔芋食品。

2 引用标准

下列标准所包含的条文，通过在本标准中引用而构成为本标准的条文。本标准出版时，所示版本均为有效。所有标准都会被修订，使用本标准的各方应探讨使用下列标准最新版本的可能性。

GB/T 191—2000 包装储运图示标志

GB/T 1007—1990 罐头食品的净重与固形物含量测定

GB/T 2760—1996 食品添加剂使用卫生标准

GB/T 4789.2—1994 食品卫生微生物学检验菌落总数测定

GB/T 4789.3—1984 食品卫生微生物学检验大肠菌群测定

GB/T 4789.4—1994 食品卫生微生物学检验沙门氏菌检验

GB/T 4789.5—1994 食品卫生微生物学检验志贺氏菌检验

GB/T 4789.6—1994 食品卫生微生物学检验致泻性大肠埃希氏菌检验

GB/T 4789.10—1994 食品卫生微生物学检验金黄色葡萄球菌检验

GB/T 4789.11—1994 食品卫生微生物学检验溶血性链球菌检验

GB/T 5009.11—1996 食品中总砷的测定方法

GB/T 5009.12—1996 食品中铅的测定方法

GB/T 5009.13—1996 食品中铜的测定方法

GB/T 5749—1985 生活饮用水卫生标准

GB/T 6543—1986 瓦楞纸箱

GB/T 7718—1994 食品标签通用标准

GB/T 9688—1988 食品包装用聚丙烯成型品卫生标准

GB/T 9689—1988 食品包装用聚苯乙烯成型品卫生标准

GB/T 10768—1989 罐头食品的 pH 值测定

GB/T 14251—1993 镀锡薄钢板圆形罐头容器技术条件

3 产品分类

3.1 按形状分

可分为魔芋丝、魔芋块和异形魔芋食品。

3.2 按原料分

可分为添加海藻粉和不添加海藻粉魔芋食品。

3.3 按包装形式分

可分为塑料薄膜袋装、塑料盒装、铁桶装。

3.4 按包装规格分

见标签标注。

4 要求

4.1 原料要求

4.1.1 魔芋精粉：无霉变、无异味、无害、无异物。

4.1.2 水：符合GB/T 5749饮用水检测标准的规定。

4.1.3 海藻粉：无霉变、无异味、无异物、无害。

4.1.4 凝固剂氢氧化钙$Ca(OH)_2$：符合美国药典标准。

4.2 感官要求

感官要求应符合表1的规定。

表1　感官要求

项　目	要　求
色泽	添加海藻粉绿、褐色的显海藻本色，不添加海藻粉的显白色或淡黄色
外观形态	固形物形状完整、均匀一致，富有弹性，无明显气泡
滋、气味	具有魔芋特有的滋味、气味，无异味
杂质	无肉眼可见的外来杂质

4.3 理化指标

理化指标应符合表2的规定。

表2　理化指标

项　目	指　标
砷（mg/kg，以As计）≤	0.5
铅（mg/kg，以Pb计）≤	1.0
铜（mg/kg）≤	10
pH值	8~12
食品添加剂	符合GB/T 2760的规定，净含量允许偏差（%）≤-3

4.4 微生物指标

微生物指标符合表3规定。

表3　微生物指标

项　目	指　标
菌落总数（个/克）≤	500
大肠菌数（个/克）≤	30
致病菌（系指肠道致病菌及致病性球菌）	不得检出

5 试验方法

5.1 外观和感官特性

将样品倒入白瓷盘中。目测其色泽，外观和杂质，并品尝滋味、嗅其气味，应符合表1的规定。

5.2 固形物净含量

采用 GB/T 1007 的方法测定，应符合表2的规定。

5.3 pH 值

用酸度仪按 GB/T 10786 的方法测定，应符合表2的规定。

5.4 砷

按 GB/T 5009.11 的方法测定，应符合表2的规定。

5.5 铅

按 GB/T 5009.12 的方法测定，应符合表2的规定。

5.6 铜

按 GB/T 5009.13 的方法测定，应符合表2的规定。

5.7 菌落总数

按 GB/T 4789.2 的方法检验，应符合表3的规定。

5.8 大肠菌群

按 GB/T 4789.3 的方法检验，应符合表3的规定。

5.9 致病菌

按 GB/T 4789.4、GB/T 4789.5、GB/T 4789.6、GB/T 4789.10、GB/T 4789.11 的方法检验，应符合表3的规定。

6 检验规则

6.1 组批

以同一班次、同一生产线生产的包装完好的产品为一组批。

6.2 抽样

6.2.1 在成品库按批随机抽样，抽样单位以"袋"或"盒"、"桶"计。

6.2.2 每批按千分之二抽样，出厂检验每批不应少于4个单位，型式检验每批不应少于8个单位。

6.3 出厂检验

6.3.1 产品须经质量检验部门逐批检验，经检验合格后方可出厂和销售。

6.3.2 出厂检验项目：感官要求、pH 值、净含量、微生物指标、标志、包装。

6.4 型式检验

6.4.1 型式检验每年进行一次，出现下列情况之一时亦应进行：

 a. 新产品试制鉴定时；

 b. 正式生产后，如原料、工艺有较大变化，可能影响产品质量时；

c. 产品停产半年以上（含半年），恢复生产时；

d. 出厂检验结果与上次型式检验有较大差异时；

e. 质量监督机构提出进行型式检验的要求时。

6.4.2　型式检验项目为"要求"中的全项。

6.5　判定规则

6.5.1　检验项目符合本标准的规定时，则判该批产品合格。

6.5.2　检验项目如有一项（微生物项目除外）不符合本标准，允许从原批产品中加倍抽样进行复验，复验结果合格则判该批产品合格；复验结果如再次出现不合格项目，则判该批产品不合格。

6.5.3　微生物项目如有一项不符合本标准，则判为不合格品，并且不允许复验。

7　标志、包装、运输、贮存

7.1　标志

7.1.1　食品销售包装上应有食品标签。食品标签的标注内容应符合 GB/T 7718 标准的规定。

7.1.2　食品运输包装上应有标志。标志的基本内容除参考标签主要内容外，还应包括产品的收发货标志、储运图示标志，执行 GB/T 191 标准的规定。

7.2　包装

7.2.1　产品包装

采用聚丙烯或聚苯乙烯塑料包装应符合 GB/T 9688 和 GB/T 9689 标准的规定。封口严密平整，无漏气、破损、沾污。

采用马口铁桶包装应符合 GB/T 14251 的技术条件。封口严密，不允许漏气，铁桶有锈斑、毛边等缺陷的不得使用。

7.2.2　运输包装

用瓦楞纸箱包装，应符合 GB/T 6543 标准的规定。包装箱应捆扎结实，正常运输、装卸时不得松散。

7.3　运输

运输工具应保持清洁。不得与有毒、有污染的物品混装、混运。运输时防止挤压、暴晒、雨淋。装卸时轻搬、轻放。

7.4　贮存

7.4.1　贮存条件

4℃~25℃保存。产品应存放在通风、阴凉、干燥的库房内。不得与有毒、有污染的物品或杂物混存混放。产品存放应保持离地 20 cm 以上，离墙50 cm远。

7.4.2　保质期

在符合 7.2.1、7.3、7.4.1 条件时，塑料袋、塑料盒包装的产品保质期为 6 个月；马口铁桶包装的产品保质期为 12 个月。